FORSCHUNGSBERICHTE DES LANDES NORDRHEIN-WESTFALEN

Herausgegeben durch das Kultusministerium

Nr. 846

Oberingenieur Herbert Stein
Ing. Martin Eidelsburger

Institut für textile Meßtechnik M. Gladbach e. V., Mönchengladbach

Untersuchungen an Baumwollkarden zwecks Ermittlung der Fehlerursachen für Dickeschwankungen

Als Manuskript gedruckt

SPRINGER FACHMEDIEN WIESBADEN GMBH

ISBN 978-3-663-03810-8   ISBN 978-3-663-04999-9 (eBook)
DOI 10.1007/978-3-663-04999-9

Gliederung

1. Vorwort .... S. 5
2. Aufgabenstellung .... S. 6
3. Aufbau und Arbeitsweise der Karde .... S. 7
4. Gebräuchliche Verfahren zur Gleichmäßigkeitsprüfung an Kardenbändern .... S. 8
   - 4.1 Sortiermethode .... S. 8
   - 4.2 Mechanische Dickeprüfer .... S. 8
   - 4.3 Hochfrequenz-Gleichförmigkeitsprüfgeräte .... S. 9
5. Allgemeine Betrachtungen .... S. 13
6. Durchgeführte Untersuchungen .... S. 15
   - 6.1 Auswirkung der Wickelungleichmäßigkeit auf das Kardenband .... S. 15
     - 6.11 Blätternder oder in Falten einlaufender Wickel .. S. 16
     - 6.12 Durch Transport beschädigte Wickelaußenlagen .... S. 18
     - 6.13 Ungleichmäßig geschichtete bzw. löchrige Wickelwatte .... S. 19
     - 6.14 Perioden im Wickel .... S. 20
     - 6.15 Auslaufende Wickel und Wickelanleger .... S. 21
   - 6.2 Fehlerhaftes Arbeiten der Karde .... S. 23
     - 6.21 Fehlerhafter Getriebeverzug .... S. 24
     - 6.22 Wickelnder Vorreißer .... S. 25
     - 6.23 Deckelperioden .... S. 26
     - 6.24 Schlechter Garniturzustand .... S. 28
     - 6.25 Unrunder Abnehmer .... S. 30
     - 6.26 Schlagender Tambour .... S. 33
     - 6.27 Drehtellerperioden .... S. 33
   - 6.3 Anderweitige Einflüsse auf die Bandgleichmäßigkeit .. S. 37
     - 6.31 Liefergeschwindigkeit .... S. 37
     - 6.32 Garniturbesatz .... S. 37
     - 6.33 Ausstoßvorgang .... S. 38
     - 6.34 Faserstoffwechsel .... S. 40
     - 6.35 Ungleiche Faserstoffverteilung in der Wickelwatte S. 41
     - 6.36 Kardenantrieb .... S. 41
7. Zusammenfassung .... S. 44
8. Literaturverzeichnis .... S. 45

1. Vorwort

Die Meßtechnik, vornehmlich die elektronische Meßtechnik, bietet Möglichkeiten, die früher angewandten, mit dem Auge und dem "Fingerspitzengefühl" durchgeführten subjektiven Prüfungen von Textilien bzw. von Halb- und Fertigerzeugnissen durch exakte Meßmethoden zu ersetzen. Von der einschlägigen Industrie werden eine Reihe von recht brauchbaren Prüfmaschinen und Meßgeräten angeboten und geliefert, die im Laboratorium einzusetzen sind und die es u.a. ermöglichen, Querschnittsschwankungen von Wickelwatten, Faserbändern, Vorgarnen und Gespinsten festzustellen, in Diagrammform aufzuzeichnen und Zahlenwerte zu erhalten, die Auskunft über die vorliegende Ungleichmäßigkeit geben.

Die Prüfung im Laboratorium vermittelt Resultate immer erst nach einer bestimmten Zeit, da das zu untersuchende Material vorerst in Kannen, auf Spulen oder Copsen abgelegt bzw. aufgewunden werden muß, für die Durchführung des Versuchs also erst dann zur Verfügung steht, wenn der Arbeitsvorgang abgeschlossen ist.

Die hierdurch bedingte Zeitverzögerung ist nachteilig und gibt nicht die Möglichkeit, sofort entsprechend einzugreifen, wenn unerwünschte Abweichungen von einem Sollwert vorliegen und die Arbeitsweise der betreffenden Arbeitsmaschine durch eine andere Einstellung oder durch Austausch nicht einwandfrei arbeitender Maschinenteile verändert werden muß.

Von diesen Überlegungen ausgehend sind Meßeinrichtungen zu fordern, die direkt im praktischen Betrieb an den verschiedenen Arbeitsmaschinen eingesetzt werden können und die nicht nur eine Möglichkeit geben, sofort zu erkennen, ob ein vorliegendes Zwischen- oder Endprodukt den zu stellenden Anforderungen entspricht, oder ob es verbesserungsbedürftig ist. Vielmehr soll mit einem solchen Meßgerät direkt auch die Auswirkung einer irgendwie vorgenommenen Veränderung in der Arbeitsweise der betreffenden Maschine sichtbar werden.

Im vorliegenden Falle wurden dem Institut für textile Meßtechnik M.-Gladbach e.V. zur Verfügung stehende Hochfrequenz-Meßeinrichtungen zur Durchführung von Gleichförmigkeitsprüfungen an Baumwollkarden eingesetzt. Dabei sollte einmal deren Arbeitsweise überprüft, außerdem festgestellt werden, worauf die in der Praxis zu beobachtenden Gleichförmigkeitsschwankungen im einzelnen zurückzuführen sind, wie sich zu deren Behebung ergriffene Maßnahmen auswirken und eine Verbesserung der Bandgleichmäßigkeit ermöglichen läßt.

2. Aufgabenstellung

In der Dreizylinder-Spinnerei kommt der Karde die wichtige Aufgabe zu, aus dem aufbereiteten, gereinigten und zu Wattewickeln vorbereiteten Spinnstoff Faserbänder zu erzeugen. Dieser Vorgang setzt weitgehendes Entwirren und Aufzupfen des Rohstoffes und die Auflösung bis zur Einzelfaser voraus. Außerdem soll ein erstes Parallellegen der Fasern erfolgen. Der im Hinblick auf die Qualität des Endproduktes günstige Ablauf der nachfolgenden Arbeitsgänge, welche die Verstreckung und Verfeinerung des Faserbandes übernehmen, wird hierdurch wesentlich beeinflußt. In der Wickelwatte noch vorhandene Unreinheiten, z.B. Schalenteilchen und Nissen sollen neben Kurzfasern, die die Festigkeit und Gleichmäßigkeit des Gespinstes beeinträchtigen, ausgeschieden werden. Schließlich ist die Forderung zu erfüllen, daß das von der Karde abgelieferte Band eine gute Gleichförmigkeit aufweist.

In neuerer Zeit wurde aus wirtschaftlichen Gründen vielfach dazu übergegangen, die dritte Streckenpassage einzusparen und somit nur zweimal zu strecken. An Hand von einschlägigen Untersuchungen konnte aufgezeigt werden, daß sich die Bandgleichmäßigkeit in kurzen Prüfgutabschnitten bei einem dritten Streckendurchgang vielfach verschlechtert [1]. Auf große Bandlängen betrachtet und damit auf die Querstreuung eines Produktionspostens wirkt sich allerdings ein dreimaliges Strecken günstiger aus. Mit einer Verringerung der Doublierungen erwächst also gleichzeitig die Notwendigkeit, für eine gute Gleichmäßigkeit der Kardenbänder zu sorgen und diese fortlaufend zu kontrollieren.

An Hand zahlreicher und in verschiedenen Betrieben gesammelter Unterlagen ist mit der vorliegenden Arbeit aufzuzeigen, wie mit für praktische Betriebsuntersuchungen geeigneten Prüfgeräten Gleichmäßigkeitsstörungen in Kardenbändern rasch aufgedeckt und erkannt werden können. Bei der Besprechung der Meßergebnisse finden besonders jene Fehlerursachen für Dickeschwankungen Berücksichtigung, die häufig in der Praxis vorkommen. Zusätzlich werden einige bei den durchgeführten Untersuchungen beobachtete Vorgänge behandelt, die sich ebenfalls nachteilig auf die Bandgleichmäßigkeit auswirken.

3. Aufbau und Arbeitsweise der Karde

Die in der Betriebspraxis eingesetzten Baumwollkarden verschiedenen Fabrikats unterscheiden sich hinsichtlich ihres konstruktiven Aufbaues nur in unwesentlichen Einzelheiten [2, 3, 4, 5]. Abbildung 1 zeigt das Schnittbild einer normalen Baumwollkarde. Angegeben werden dort auch die im nachfolgenden benutzten Bezeichnungen für die verschiedenen Einzelteile.

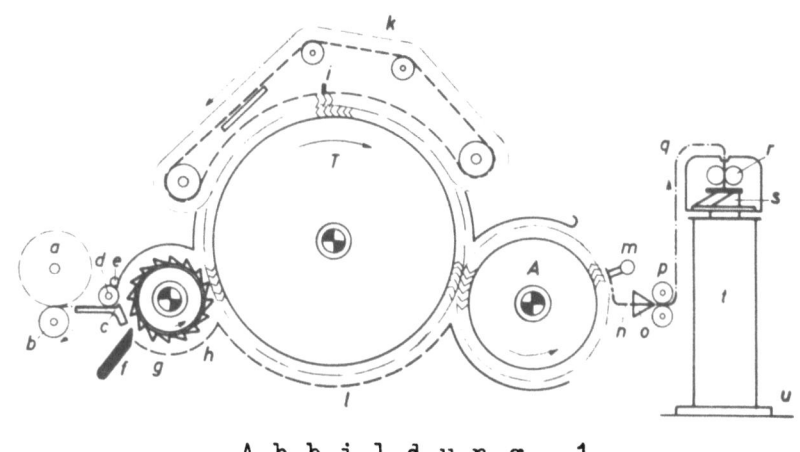

Abbildung 1

Schnittbild einer Baumwollkarde

    V   Vorreißer
    T   Tambour
    A   Abnehmer

a) Wickel
b) Wickelwalze
c) Einzugstisch
d) Speisezylinder
e) Putzwalze
f) Schalenmesser
g) Stabrost
h) Siebrost
i) Deckelstab
k) Wanderdeckel

l) Trommelrost
m) Hacker
n) Faserflor
o) Bandtrichter
p) Abzugswalzen
q) Kardenband
r) Drehtopflieferwalzen
s) Bandteller
t) Kanne
u) Fußteller

In den letzten Jahren sind dann einige bemerkenswerte Neukonstruktionen der Baumwollkarde auf dem Markt erschienen [6, 7]. Da diese Maschinen bislang aber nur in wenigen Fällen zum betrieblichen Einsatz kamen, war zunächst keine Möglichkeit gegeben, Untersuchungen an derartigen Maschinen durchzuführen.

4. Gebräuchliche Verfahren zur Gleichmäßigkeitsprüfung an Kardenbändern

4.1 Sortiermethode

Die einfachste, wenn auch langwierigste Methode zur Bestimmung des Querschnittverlaufes besteht in der Wägung von fortlaufenden Bandabschnitten bestimmter Länge. Die in Form eines Diagramms aufgetragenen Meßpunkte und der daraus gebildete Mittelwert veranschaulichen die Abweichungen. Kurzwellige Schwankungen lassen sich nur dann aufzeigen, wenn die Prüfgutabschnitte erheblich kürzer als die zu erfassende Schwankung gewählt werden. Im Hinblick auf den bis zur Fertigstellung des Garnes erforderlichen hohen Gesamtverzug interessieren nicht nur die Abweichungen in größeren Bandlängen, sondern auch die innerhalb kurzer Längen auftretenden Schwankungen.

Wenn die Sortiermethode auch den Vorteil aufweist, von dem jeweiligen Bandvolumen (Bauschigkeit) unabhängig zu sein, so ist sie doch wegen der zeitraubenden Arbeiten von den heute allgemein eingeführten Verfahren der kontinuierlichen Erfassung und Aufzeichnung von Gleichmäßigkeitsschwankungen mittels geeigneter Prüfgeräte verdrängt worden.

4.2 Mechanische Dickeprüfer

Bekannt und vereinzelt anzutreffen in der Praxis ist der TOENNIESSEN-Band- und Luntenprüfer. Das Gerät weist als Merkmal eine als Bandtrichter ausgebildete Meßdüse auf, durch die das Prüfgut - bei kürzester Klemmung unmittelbar hinter dem Trichteraustritt - gezogen und unter starker Kompression von einem daumenförmigen Fühlglied abgetastet wird. Dessen bei Querschnittsschwankungen bewirkten, geringfügigen Ausschläge vergrößert ein Hebelgestänge, das die mechanisch eingerichtete Registriereinrichtung betätigt.

Die Auswertung der Messungen geschieht in der Weise, daß in 5-cm-Abschnitten des Diagrammes (entspricht 0,5 m Prüfgutlänge) Maximum und Minimum des Kurvenzuges ermittelt werden, was bei Anwendung der weiteren Auswertanweisungen [8] zu Prozentwerten führt, die zu Vergleichen herangezogen werden können.

Dem mechanisch-elektrisch arbeitenden Gleichförmigkeitsprüfer für Faserbänder und Vorgarne Typenbezeichnung "Bandvolugraph" liegt ebenfalls der Gedanke zugrunde, Masseschwankungen mechanisch abzutasten. Gegenüber Hochfrequenz-Gleichförmigkeitsprüfern, bei denen die durch die Masse des Prüfgutes bewirkte Verstimmung eines Kondensators benutzt wird, um eine

Querschnittsmessung durchzuführen, weist das Gerät den Vorteil auf, unempfindlich gegenüber Feuchtigkeitsschwankungen zu sein. Das zu untersuchende Material wird durch einen Meßschlitz geführt, welcher von der angetriebenen Transportwalze durch die von oben her eingreifende Meßwalze und eine seitswärts verstellbare Bandführung gebildet wird. Das Prüfgut wird während der Messung komprimiert und mittels der Meßwalze abgetastet. Der mit der Meßwalze in Verbindung stehende Meßwertgeber steuert einen elektronischen Meßverstärker. Mit Hilfe des angeschlossenen elektrischen Tintenschreibers ermittelt das Gerät ein fortlaufendes Bild von den im Prüfling vorhandenen Querschnittsschwankungen.

Um die eigentliche Meßeinrichtung den unterschiedlichen Band- und Vorgarnnummern anzupassen, finden verschieden breite Meßwalzen Verwendung. Die hierbei erforderliche Veränderung der Meßdüsenbreite wird durch entsprechende Verstellung der Bandführung erreicht. Den erforderlichen Anpreßdruck für die Meßwalze bewirkt eine Spiralfeder, deren Vorspannung sich in Abhängigkeit von der eingestellten Bandbreite automatisch verändert. Das vom Tintenschreiber aufgezeichnete Diagramm vermittelt ein fortlaufendes Bild von den im Prüfling enthaltenen Querschnittsschwankungen. Da sich das Band bzw. das Vorgarn und das Diagrammpapier des elektrischen Tintenschreibers mit gleichbleibender Geschwindigkeit vorwärts bewegen, gelten für das Verhältnis Bandlänge zu mm-Papiertransport feste Eichmaßstäbe, die eine entsprechende Auswertung der aufgenommenen Diagramme ermöglichen. Der Ausgang des Verstärkers ist so ausgelegt, daß zur Ermittlung der Variationskoeffizienten ein handelsübliches Auswertgerät (MASING M 128 oder M 129) angeschlossen werden kann.

4.3 Hochfrequenz-Gleichförmigkeitsprüfgeräte

Der ausschließlich für einen Einsatz im Prüflabor bestimmte Garngleichmäßigkeitsprüfer der Firma ZELLWEGER-USTER mit seinen Zusatzapparaten (Integrator, Spektograph und Hy-Lo-Tester) ist hinlänglich bekannt, so daß auf eine Beschreibung verzichtet werden kann. Das Arbeiten mit diesem Prüfgerät bereitet bei richtiger Handhabung normalerweise keine Schwierigkeiten. Besondere Maßnahmen sind allerdings dann zu ergreifen, wenn das Meßergebnis durch Feuchtigkeitseinflüsse verfälscht wird. Die zuverlässige Prüfung von Kardenbändern setzt voraus, daß die Kannen beim Transport zum Prüflabor keinen Temperatur- und Feuchtigkeitsveränderungen ausgesetzt und nicht für längere Zeit abgestellt werden. Eine unterschiedliche Feuchtigkeitsverteilung äußert sich in periodischen Schwankungen, deren Verlauf Übereinstimmung mit der zykloidalen Ablage des Bandes in die Kanne aufweist. Von Nachteil ist auch der Umstand, daß das Material der zu untersuchenden Karde über längere Wege zum Labor des Werkes transportiert und nach der Prüfung schließlich als Abfall der Produktion wieder zugeführt werden muß.

Diese Überlegungen haben zu der Konstruktion von Hochfrequenz-Gleichmäßigkeitsprüfgeräten geführt, die für direkte Messungen an den einzelnen Arbeitsmaschinen geeignet sind. Bei den nachstehend behandelten Messungen kam der Hochfrequenz-Gleichmäßigkeitsprüfer Type "Textronograph" zum Einsatz, der bereits in einem früheren Forschungsbericht [9] eingehender behandelt worden ist. Das jetzt verwendete Gerät weist gegenüber der damals beschriebenen Ausführung einige Verbesserungen auf.

Zusammenfassend sind über den Aufbau dieses Prüfgerätes folgende Angaben zu machen:

Wie bei dem Gleichmäßigkeitsprüfer ZELLWEGER-USTER wird das Prüfgut durch den Schlitz eines Meßkondensators geführt. Dieser ist beim Tetronograph jedoch nicht fest mit dem eigentlichen Meßgerät (Meßbrücke) verbunden. Der Anschluß erfolgt vielmehr über drei flexible Kabel. Dadurch wird es möglich, den Meßkondensator direkt an den verschiedenen Arbeitsmaschinen derart anzuordnen, daß das zu überwachende Prüfgut ohne größere Ablenkung den Meßschlitz passieren kann.

Die Anzeige der Meßwerte erfolgt durch ein im Gerät eingebautes Drehspul-Anzeigeinstrument. Zusätzlich ist ein Tintenschreiber anzuschließen, der den Verlauf der Gleichmäßigkeit in dem vorliegenden Band, Vorgarn oder Garn fortlaufend zur Aufzeichnung bringt. Auch kann der Textronograph mit einem zugehörigen Integriergerät (Integraph) betrieben werden, das Zahlenwerte über die vorliegende mittlere lineare Ungleichmäßigkeit liefert. Für die nachfolgend behandelten meßtechnischen Untersuchungen an Baumwollkarden fand von den drei zum Textronograph gehörenden Meßkondensatoren der Bandkondensator Verwendung. Dieser ist aus der in Abbildung 2 ersichtlichen Weise vor dem Kannenstock anzuordnen, wobei das zu überprüfende Band durch den unteren Meßschlitz geführt wird.

Nicht erfaßt werden bei einer derartigen Prüfung evtl. Veränderungen des Bandquerschnittes durch das im Kannenstock angeordnete Lieferwalzenpaar und den zugehörigen Drehtopfteller. Wie später noch aufzuzeigen sein wird, führt die Ablage des Kardenbandes durch den Kannenstock in die vorgesetzte Kanne bei ordnungsgemäßem Arbeiten der Drehtopf-Kalander-

A b b i l d u n g   2

Anordnung des Bandkondensators am Kannenstock

walzen und des Drehtellers zu keinen nennenswerten Beeinflussungen der Gleichmäßigkeit, so daß es ohne weiteres berechtigt scheint, das Band gemäß Abbildung 2 in der Zone zwischen Vliesverdichtung und Kannenstock abzutasten (vgl. hierzu auch Abschn.6.27). Die Gleichmäßigkeitsprüfung direkt an der Maschine, in diesem Falle direkt an der Karde, gibt eine Möglichkeit, in verhältnismäßig kurzer Zeit Einblicke in die sich abspielenden Vorgänge zu erhalten und an einer ganzen Reihe von Karden festzustellen, ob irgendwelche Störungen vorliegen.

Der Textronograph vermittelt im praktischen Betrieb gleiche Untersuchungsmöglichkeiten wie das USTER-Gerät im Laboratorium. Daß vorhandene Gleichmäßigkeitsschwankungen in gleicher Weise zur Anzeige bzw. zur Aufzeichnung gebracht werden, ist mit den in Abbildung 3 gegenüber gestellten Diagrammen zu beweisen. Der obere Kurvenzug gilt für die Usterprüfung. Das untere Diagramm wurde mit dem Textronograph aufgenommen. Die Kondensatoren des Textronographen und des Ustergerätes waren hintereinander angeordnet (Abb.4). Dadurch wurde es möglich, bei dem gleichen Prüfvorgang die Ungleichmäßigkeit des Faserbandes auch mit dem Textronograph zu ermitteln.

Seite 11

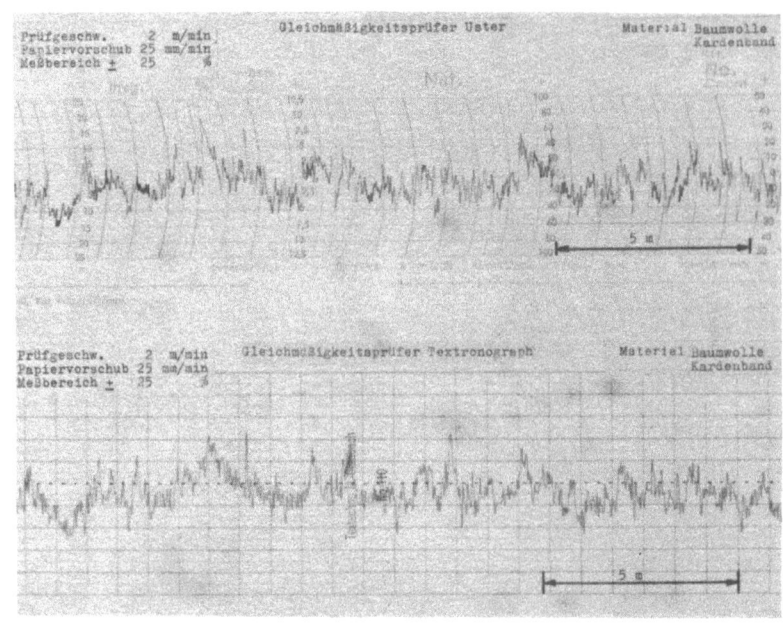

A b b i l d u n g   3

Vergleich der Gleichmäßigkeitsdiagramme des Ustergerätes und des Textronograph

A b b i l d u n g   4

Anordnung des Bandkondensators vom Textronograph am Ustergerät

Wenn sich einzelne Schwankungsspiele nicht genau decken, dann bleibt hierzu darauf hinzuweisen, daß der "Bändcheneffekt" eine gewisse Rolle spielt, der das Ergebnis beim Usterprüfer in etwas stärkerem Maß beeinflußt, als die Messung beim Textronograph. Andererseits hat zu gelten, daß das beim Textronograph angewandte Meßprinzip bei der Verwendung eines Streufeldkondensators eine etwas stärkere Empfindlichkeit auf vorliegende Feuchtigkeitsschwankungen im Prüfling aufweist.

5. Allgemeine Betrachtungen

Alle Halb- und Fertigfabrikate der Dreizylinderspinnerei weisen einen ihnen eigentümlichen Verlauf der für die Faserverteilung im Querschnitt gegebenen Gleichmäßigkeit auf. Mehr oder weniger stark treten Schwankungen in Erscheinung, die von dem vorgelegten Material herrühren oder solche, welche durch die Maschine selbst hervorgerufen werden. Sehr aufschlußreich sind Untersuchungen, die durch gleichzeitigen Einsatz von zwei Prüfgeräten Aussagen sowohl über die Gleichmäßigkeit des zu- als auch des abgeführten Materials vermitteln. An den der Karde nachgeordneten Produktionsmaschinen ist ein solches Verfahren ohne weiteres anzuwenden.

Um auf diese Weise auch eine Karde zu überprüfen, müßte in die von der Wickelwalze ablaufende Watte ein entsprechend breiter Meßkondensator eingefügt werden, der hier vorhandene Querschnittsschwankungen erfaßt und mittels der angeschlossenen Meßeinrichtung registriert. Da sich hierfür gewisse Schwierigkeiten ergeben, außerdem die Versuchsdurchführung erschwert wird, ist der Einfluß wickelbedingter Ungleichmäßigkeiten auf Querschnittsschwankungen im ausgelieferten Kardenband zweckmäßig dadurch zu ermitteln, daß ein Austausch von Wickeln vorgenommen wird und die Ergebnisse der an den ausgelieferten Kardenbändern durchgeführten Gleichmäßigkeitsprüfungen entsprechend zum Vergleich kommen.

Eingehende Untersuchungen haben gezeigt, daß die Karde, obwohl sich die Garnituren des Tambours, bis zu einem gewissen Grade auch die des Abnehmers, mit Fasern auffüllen, praktisch keinerlei Speicherwirkung aufweist. Wie bei einem Streckwerk werden sich deshalb vorlagebedingte Gleichmäßigkeitsschwankungen unverzüglich auch durch das vom Hacker am Abnehmer abgeschlagene Faservlies auf das von den Abzugswalzen ausgelieferte Faserband auswirken. Hieraus ergibt sich die Forderung, daß bereits bei der Schlagmaschine bzw. auf den dieser nachgeordneten Organen zur

Wickelbildung dafür Sorge getragen wird, daß die Wickelwatte nicht nur über größere Längen, sondern auch über kurze Abschnitte eine gute Gleichmäßigkeit aufweist.

Die dem Vorreißer dargebotenen Faserbüschel werden von seinen Zähnen erfaßt und an den Tambour weitergegeben. Die Masse der an den Häkchen der Tambourgarnitur haftenden und ausgebreiteten Fasern folgt dem allgemeinen Materialfluß, der sie an dem Kämmbereich der Deckel vorbei in die Abnahmezone führt.

Selbst unter günstigsten Bedingungen, d.h. wenn keinerlei Maschinenfehler vorliegen, kommt eine, wenn auch nur schwache Faserpaketschichtung zustande. Das Idealspektrum, das sich berechnen läßt, zeigt die minimale Größe der periodischen Schwankungen, wie sie selbst bei idealen Prozessen noch zu finden wären. Die verschiedenen darüber hinausgehenden Perioden überlagern sich im Gleichmäßigkeitsdiagramm derart, daß sie nur mit Hilfe eines hierfür geeigneten Prüfgerätes analysiert werden können.

Diese sind meist darauf zurückzuführen, daß ein unrunder (exzentrischer, beschädigter oder eiförmiger) Abnehmer das vom Tambour angebotene Fasermaterial nicht gleichmäßig abnimmt.

Der Abstand Tambour zu Abnehmer muß sehr klein eingestellt werden, um eine einwandfreie Übernahme des Fasermaterials zu gewährleisten. Dadurch machen sich schon sehr kleine Exzentrizitäten störend bemerkbar und führen zu entsprechenden Masseschwankungen im abgenommenen Faservlies bzw. im daraus hergestellten Kardenband.

Der gleichmäßige Fasertransport kann gestört sein, wenn der Antrieb der Speisewalze wegen fehlerhafter Einstellung oder wegen Verschleißerscheinungen an den Organen für die Kraftübertragung ungleichmäßig erfolgt. Ach das Wandern der Deckel nimmt unter Umständen einen sich periodisch verändernden Einfluß auf den Materialausfall.

Unter bestimmten Voraussetzungen wird es zu Materialansammlungen bzw. Stauungen, beispielsweise an den Rosten, kommen. Diese Faserbatzen werden dann, wenn sie eine bestimmte Größe erreicht haben, vom Tambour wieder erfaßt und entsprechend an den Abnehmer weitergegeben. Auch solche Vorgänge können sich nahezu periodisch abspielen und zu unerwünschten Störungen und Schwankungen der Gleichmäßigkeit im Kardenband führen.

Die in der Dreizylinderspinnerei angewandten Doublierungen bei den der Karde nachgeordneten Strecken sollen bewirken, daß ein weitgehender

Ausgleich von Gleichförmigkeitsschwankungen des Kardenbandes erfolgt. Ungünstige Voraussetzungen für diesen Doubliereffekt sind gegeben, wenn periodisch verlaufende Querschnittsschwankungen vorliegen. Hier besteht durchaus die Möglichkeit, daß sich dicke mit dicken und dünne mit dünnen Stellen paaren und der gewünschte Ausgleich nur ungenügend erreicht wird.

Auf die Kardierarbeit bzw. auf die von der Karde bewirkte Faserauflösung und damit bis zu einem gewissen Grade auf die Gleichförmigkeit des ausgelieferten Faserbandes nehmen auch noch andere Faktoren Einfluß. Dies gilt einmal für die Fasereigenschaften (Stapellänge, Faserfeinheit, Präparation), außerdem für Fehler in der vorgelegten Wickelwatte, den konstruktiven Aufbau, den baulichen Zustand der Karde und ihre Einstellung.

6. Durchgeführte Untersuchungen

6.1 Auswirkung der Wickelungleichmäßigkeit auf das Kardenband

Der vorbeschriebene, für den Einsatz im praktischen Betrieb geeignete Hochfrequenz-Gleichmäßigkeitsprüfer (Textronograph) wurde benutzt, um direkt an verschiedenen Karden im praktischen Betrieb einschlägige Untersuchungen durchzuführen. Vergleichend und um zusätzliche Feststellungen treffen zu können, kam weiterhin im Labor auch noch der Hochfrequenz-Gleichmäßigkeitsprüfer USTER zur Anwendung. Auf den Einsatz von Auswertgeräten wurde im allgemeinen verzichtet und nur in Ausnahmefällen davon Gebrauch gemacht, da es der vorliegenden Aufgabenstellung entsprechend weniger darauf ankam, auf kurze Bandstücke verteilte Bandungleichmäßigkeiten zu erfassen als vielmehr zu ermitteln, wieweit sich die dem Verzug entsprechend im Kardenband stark auseinandergezogene Wickelungleichmäßigkeit auswirkt und wie durch die Arbeitsweise der Karde selbst bzw. deren verschiedene Maschinenelemente gleichmäßig oder ungleichmäßig verteilte Dickenschwankungen entstehen. Wie bereits vorstehend ausgeführt, ist die Karde nicht in der Lage, Fasermaterial zu speichern und damit ausgleichend auf wickelbedingte Schwankungen in der Materialvorlage zu wirken. Es hat zu gelten, daß im Kardenband noch Gleichmäßigkeitsschwankungen deutlich bemerkbar werden, die sich auf 5 cm Wickellänge erstrekken. Diagramme von der Bandungleichmäßigkeit werden also, sofern anderweitige Einflüsse nicht überwiegen, ein Abbild von der Wickelungleichmäßigkeit geben.

Außer der durch die Arbeitsweise der Schlagmaschine bedingten Faserschichtung in der Wickelwatte treten noch Einflüsse auf, die mit dem Abrollen des Wickels auf dem Gestell der Karde oder mit Schädigungen, die der Wickel beim Transport aus dem Batteursaal in die Karderie erfahren hat, in Verbindung zu bringen sind.

6.11 Blätternder oder in Falten einlaufender Wickel

Von der jeder Karde vorgeordneten Wickelablaufvorrichtung ist zu fordern, daß sie der Speisewalze die Wickelwatte in gleicher Weise zuführt, wie sie vorher auf der Schlagmaschine gebildet wurde. Dieser Aufgabe wird jedoch nicht immer in richtiger Weise entsprochen. Gewisse Zellwolltypen, aber auch bestimmte Baumwollsorten neigen zum Verfilzen. Dadurch bleiben die Lagen des Wickels nicht in der vorgsehenen Weise streng voneinander getrennt, vielmehr verhaken sich einzelne Faserbüschel, was zu einem Blättern oder Schälen der Wickel führt. Mitunter ist zu beobachten, daß auf diese Weise größere Fasermengen von einer Wickellage auf die andere wandern, ein Vorgang, welcher die Gleichmäßigkeit der der Speisewalze zulaufenden Watte erheblich verändern kann. Entsprechend treten dann Gleichmäßigkeitsschwankungen auch in dem von der Karde abgelieferten Faserband auf. Das Schälen bzw. Blättern der Wickel erreicht mitunter ein Ausmaß, welches es erforderlich macht, den Wickel abzureißen und durch einen neuen zu ersetzen. Das bedeutet eine unerwünschte Vergrößerung des Abfalls und eine entsprechende Erhöhung der Fertigungskosten.

Den Auswirkungen unterschiedlicher Materialeigenschaften und damit dem Blättern oder Schälen der Wickel läßt sich weitgehend durch eine zweckmäßige Einstellung des Wickelapparates an der Schlagmaschine entgegenwirken.

Die Oberfläche der Wickelwatte läßt sich durch Vergrößern des Kalanderdrucks und der Preßkopfbelastung verfestigen. Verschiedentlich wird auch von der Möglichkeit Gebrauch gemacht, die einzelnen Wickellagen dadurch von einander zu trennen, daß am Wickelapparat der Schlagmaschine verteilt über die Wickelbreite, mehrere Flyervorgarne beilaufen.

Diagramm (A), Abbildung 5, zeigt, wie sich die durch Blättern eines Wickels verursachte Verlagerung von Faserpaketen auf die Gleichmäßigkeit des ausgelieferten Bandes auswirken kann.

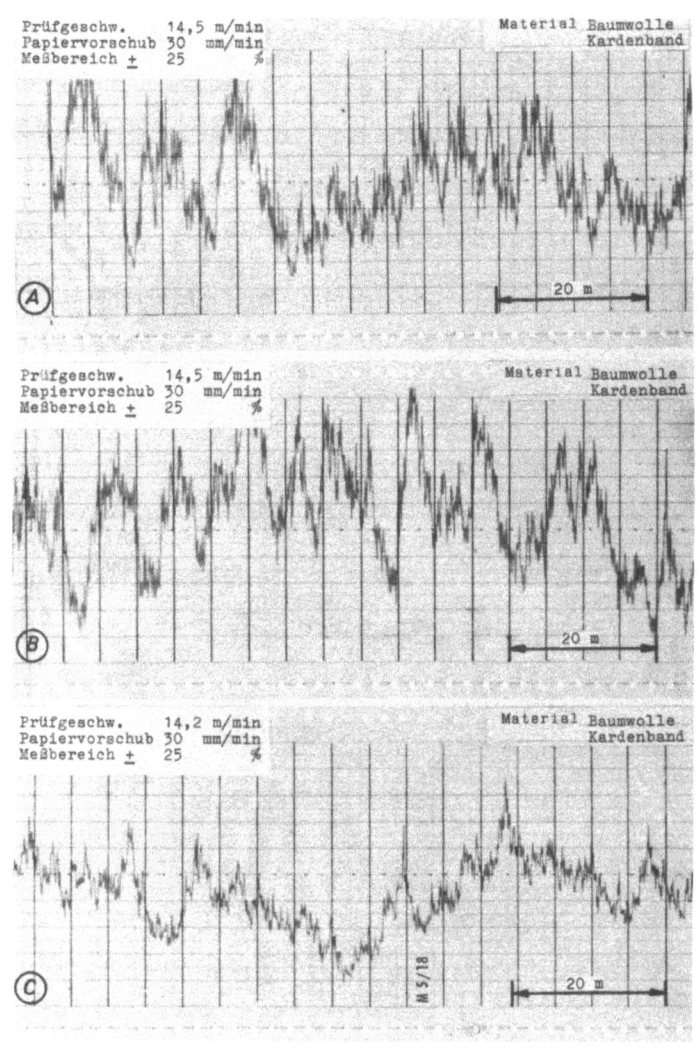

A b b i l d u n g   5

Prüfgerät Textronograph

A Gleichmäßigkeitsdiagramm eines Kardenbandes bei "blätterndem" Wickel

B Einfluß eines faltig einlaufenden Wickels auf die Gleichmäßigkeit des Kardenbandes

C Gleichmäßigkeitsschwankungen des Kardenbandes durch unsachgemäßes Beseitigen von Wickelfalten

Erscheinungen ähnlicher Art treten auf, wenn sich in der Wickelwatte zwischen Wickel- und Speisewalze an der Karde Falten bilden. Das ist vor allem bei vollen, längere Zeit abgelagerten Wickeln zu beobachten. Durch den von den Innenlagen ausgeübten Druck werden die äußeren Lagen vielfach leicht verzogen. Sie werden dadurch bauschig und locker. Bei der Karde wird der Wickel durch Auflage an der Wickelwalze zum Ablaufen gebracht. Sind die Außenschichten sehr weich, dann drückt sich der Wickel auf seiner Unterlage ein und verliert seine runde Form. Die Umlaufgeschwindigkeit wird dabei durch den Radius bestimmt, der sich zwischen Wickelkern und Auflagepunkt an der Wickelwalze ausbildet. Der in seinem Durchmesser vergrößerte Wickel zeigt dadurch eine gegenüber der Geschwindigkeit der Speisewalze zu große Geschwindigkeit, so daß eine Vorlieferung erfolgt, und es zu einer Faltenbildung kommt.

Diagramm (B), Abbildung 5, zeigt wiederum, aufgenommen mit einem Meßbereich ± 25 %, daß sich auf diese Weise verhältnismäßig große Schwankungen im ausgelieferten Kardenband ausbilden.

Gelegentlich versucht das Bedienungspersonal durch Anheben des Wickels und Straffen der Falten einen glatten Einlauf der Watte zu erzielen.

Eine solche Maßnahme führt aber unter den gegebenen Voraussetzungen nur zu einem vorübergehenden Erfolg. Im übrigen besteht die Gefahr, daß es dabei zu Verzugserscheinungen kommt und der gewünschte Effekt nicht erreicht wird (vgl. hierzu Diagramm (C) Abb.5).

6.12 Durch Transport beschädigte Wickelaußenlagen

Bei längeren Transportwegen und unzweckmäßigen Beförderungseinrichtungen für die Wickel besteht die Gefahr einer Schädigung der äußeren Schichten. Zusätzliche Schwierigkeiten ergeben sich dadurch, daß, wie schon im vorstehenden Abschnitt (6.11) erwähnt, die Außenlagen der Wickel verzogen werden bzw. zum Aufplatzen neigen, wenn durch eine starke Bauschelastizität des zusammengepreßten Fasermaterials die inneren Lagen unter einem größeren Druck stehen und sich auszuweiten versuchen. Einem

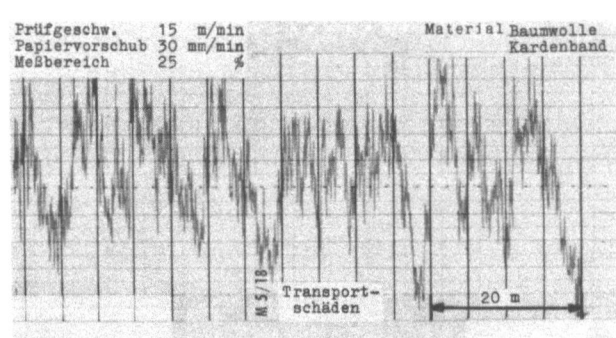

A b b i l d u n g   6

Prüfgerät Textronograph

Auswirkung von Beschädigungen der Wickelaußenlagen auf die Güte des Kardenbandes solchen Auflockern der Wickel und der damit gegebenen erhöhten Gefahr der Beschädigung der Außenlagen wird verschiedentlich dadurch entgegengewirkt, daß die Wickel nach ihrer Herstellung auf der Schlagmaschine mit Wickeltüchern oder Kunststoff-Folien umhüllt werden, die bei der Vorlage auf der Karde wieder zu entfernen sind. Die Auswirkung von Beschädigungen auf den Transportwegen bzw. bei längerer Lagerung zeigt anschaulich Abbildung 6.

6.13 Ungleichmäßig geschichtete bzw. löchrige Wickelwatte

Die befriedigende Arbeitsweise der Batteuranlage, die in einer guten Auflösung der Faserflocken nach der Entfernung von Staub und Unreinigkeiten und einer stetigen Materialförderung zum Ausdruck kommt, spiegelt sich auch in der Gleichmäßigkeit der auf dem Wickelapparat erzeugten Wickel wider. Sie wird im wesentlichen von der einwandfreien Funktion aller in der Materialbearbeitung und am Materialfluß beteiligten Organe der einzelnen, hintereinander angeordneten Maschinenelemente bestimmt. Besonders wichtig ist die gleichmäßige Beschickung des vor der Speisewalze angeordneten Füllschachtes, die einwandfreie Regulierung der Speisewalze durch den von der Muldenhebelregulierung betätigten Kegelriementrieb und das gleichmäßige Ansaugen der geschlagenen und aufgelösten Fasern an die Wände der dem Kalander vorgeordneten Siebtrommeln. Beobachtete Schwankungen in der Watteungleichmäßigkeit sind vor allem in einem fehlerhaften Arbeiten der vorgenannten Maschinenelemente zu suchen.

Die Wickelwatte bildet den ersten kontinuierlichen Zusammenhalt von Fasern und ist damit der Ausgangspunkt für die an Karde und Strecke sich bildenden und zu bearbeitenden Faserbänder für das Vorgarn des Flyers und die Gespinste an der Ringspinnmaschine. Es hat also zu gelten, daß bereits an den Siebtrommeln der Schlagmaschine gute Voraussetzungen dafür geschaffen werden müssen, daß das erzeugte Gespinst über große Längen eine gute Gleichmäßigkeit aufweist. Zu zeigen ist in diesem Zusammenhang zunächst, daß die Karde tatsächlich nicht in der Lage ist, auf verhältnismäßig kurze Wickellängen verteilte Ungleichmäßigkeiten durch Aufnahme oder Abgabe von Fasermaterial auszugleichen. Diagramm (A), Abbildung 7, bringt ein mit dem Textronographen an einer Karde aufgenommenes Kurvenbild.

Hier wurde der zulaufenden Wickelwatte von Hand ein Faserbatzen entnommen. Das aus diesem Wickelstück hergestellte Kardenband zeigt eine Masseverminderung und erreicht danach wieder den ursprünglichen Wert.

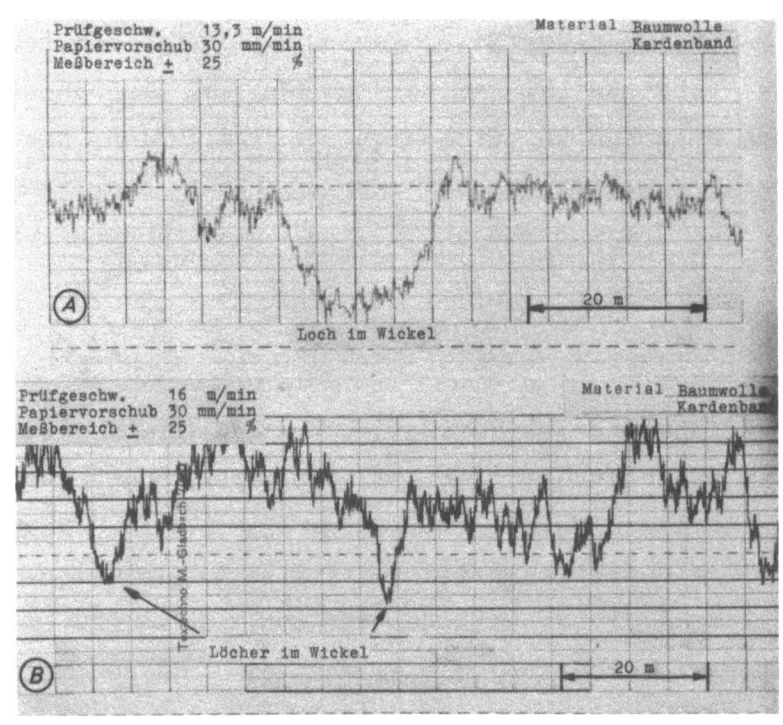

A b b i l d u n g   7

Prüfgerät Textronograph

Masseverminderung des Kardenbandes durch Löcher in der Wickelwatte

Diagramm (B), Abbildung 7, gilt für ein Kardenband, das aus einer Wickelwatte, welche ungleichmäßig geschichtet war und ausgesprochene Löcher aufwies, erzeugt wurde.

6.14 Perioden im Wickel

Periodische Schwankungen in der Wickelwatte treten verhältnismäßig selten auf. Sie können beispielsweise dadurch verursacht werden, daß durch Nahtstellen an den Siebtrommeln der Faseranflug unterschiedlich mit jeder Siebtrommelumdrehung wiederkehrend beeinflußt wird. Verzahnungsfehler in den Übertragungsrädern für den Antrieb der Wickelwalzen werden sich zweifellos auch dahin auswirken, daß die vom Kalander ausgelieferte mit einem bestimmten Getriebeverzug aufzuwindende Wickelwatte periodisch wiederkehrend etwas unterschiedliche Verzüge erfährt.

Mitunter sind bei dem für Antrieb und Steuerung der Speisewalze vorgesehenen Kegelriementrieb Pendelungen zu beobachten. Die Ursache hierfür ist meist in einem mehr oder weniger großen Schlag der Speisewalze zu finden. Dadurch werden, unabhängig von der durch die Muldenhebel abgetasteten Materialdichte, die Muldenhebel mit dem Schlag der Speisewalze

Bewegungen ausführen, die eine entsprechende Verschiebung des Kegelriemens bewirken. Die auf diese Weise ausgelösten Steuerbewegungen sind also nicht materialbedingt, sondern von dem fehlerhaften Lauf der Speisewalze verursacht. Sie führen zwangsläufig zu unterschiedlichen Materialförderungen und zu entsprechenden regelmäßig wiederkehrenden Schwankungen in der Materialanlieferung.

Die bei der Überprüfung eines Kardanbandes gefundenen Schwankungsspiele im Diagramm Abbildung 8 sind durch entsprechende Umrechnungen als Auswirkung einer schlagenden Speisewalze auf die Gleichmäßigkeit der auf der betreffenden Schlagmaschine erzeugten Wickelwatte erkannt worden.

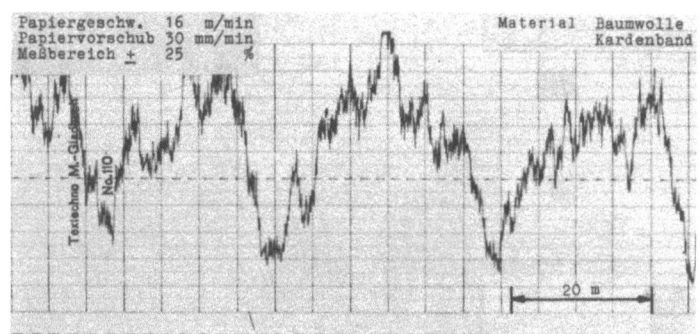

Abbildung 8

Prüfgerät Textronograph

Ungleichmäßigkeit des Kardenbandes verursacht durch eine schlagende Speisewalze an der Schlagmaschine

6.15 Auslaufende Wickel und Wickelanleger

Nach dem Abnehmen bzw. Ausstoßen eines fertigen Wickels wird zu Beginn der neuen Wickelbildung an der Schlagmaschine das aus den Kalanderwalzen austretende Wattestück entweder von Hand oder bei Schlagmaschinen mit automatischem Wickelauswurf durch eine besonders mechanisch gesteuerte Vorrichtung um den Wickeldorn gelegt. Gleichzeitig senken sich die Preßköpfe ab, die dem Wickeldorn den erforderlichen Druck vermitteln.

Die Arbeitsvorgänge erfordern eine gewisse Zeit. Die Auswirkung des zwischen Kalander- und Wickelvorrichtung eingestellten Getriebeverzugs wird erst dann erfolgen, wenn der Wickeldorn unter Druck steht. Bis zur Straffung der Watte ist bereits eine gewisse Länge aufgelaufen.

Wie sich nach den Ergebnissen von Gleichmäßigkeitsprüfungen an Schlagmaschinenwickeln leicht aufzeigen läßt, fällt unter gegebenen Voraussetzungen das letzte um den Wickeldorn herumgelegte Wattestück meist in der Nm etwas gröber aus als die übrige Wickelwatte. Der versierte Betriebspraktiker weiß um diese Erscheinungen und ordnet deshalb das Abreißen des letzten Wattemeters beim Wickelauslauf an die Karde an. In Unkenntnis oder aus Gründen der Einsparung von Abfall wird dies aber vielfach auch unterlassen. Zwangsläufig führt dann die zu dicke Watte zu einem entsprechend gröberen Querschnitt des Kardenbandes.

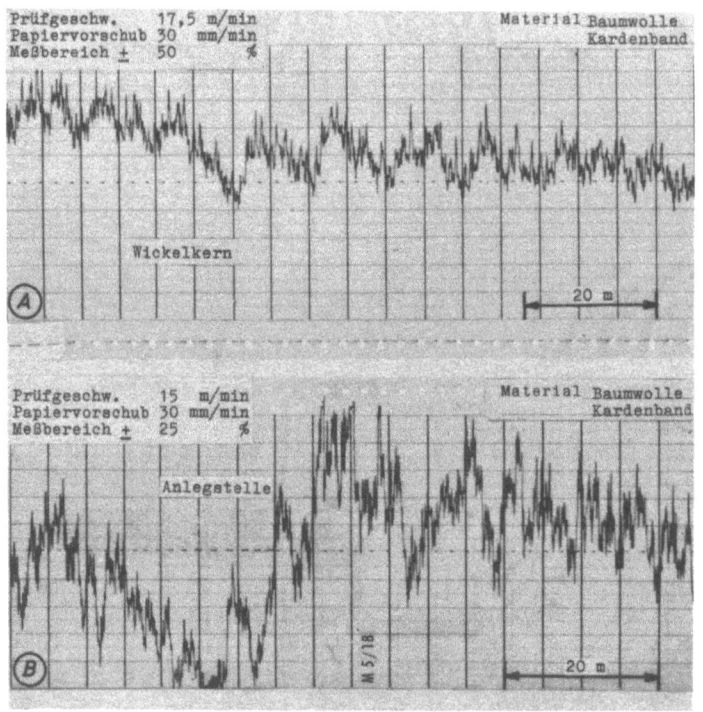

Abbildung 9

Prüfgerät Textronograph

A Nummernveränderung des Kardenbandes durch Watteverdickung im Wickelkern

B Nachweis der Anlegstelle eines neuen Wickels durch Prüfung des Kardenbandes

Diagramm (A), Abbildung 9, zeigt eine Nummernänderung des Kardenbandes, die dadurch entstanden ist, daß das letzte Stück der um den Wickeldorn herumliegenden Wickelwatte beim Ablaufen auf der Wickelwalze der Karde nicht entfernt wurde. Die Abweichung ist in diesem Fall beträchtlich und beträgt wie aus dem mit einer Empfindlichkeit von $\pm$ 50% geschriebenen Diagramm hervorgeht ca. 25 - 30%. Sie kann natürlich nicht allein mit einem fehlenden Getriebeverzug erklärt werden. Vielmehr liegt vermutlich eine Faltenbildung für das um den Wickeldorn herumgelegte Wattestück vor.

Bereits mit dem Auge sind in dem vom Hacker am Abnehmer abgeschlagenen Faservlies Ungleichmäßigkeiten wahrzunehmen, die beim Anlegen eines neuen Wickels in das Band gelangen.

Abweichungen beim Übergang sind in hohem Maß von der Aufmerksamkeit und der Schulung des Bedienungspersonals abhängig. Das Diagramm (B), Abbildung 9, gibt den Kurvenverlauf beim Durchgang der Anlegstelle durch die Karde wieder.

Die im vorliegenden Falle angewandte Methode der Überprüfung des Kardenbandes mittels eines Hochfrequenz-Gleichmäßigkeitsprüfers direkt im Betrieb gibt Möglichkeiten, eine praktische Belehrung vorzunehmen und durch eine solche Demonstration die Aufmerksamkeit des Meisters und anderer Mitarbeiter auf die Vorgänge beim Wickelwechsel hinzuweisen.

6.2 Fehlerhaftes Arbeiten der Karde

Wie bei einem Streckwerk können - eine ideal gleichmäßige Wattedicke des vorgelegten Wickels vorausgesetzt - Gleichmäßigkeitsschwankungen im ausgelieferten Faserband nur durch kurzzeitige Stauungen von Fasermaterial oder durch eine ungleichmäßige Abnahme der Fasern vom Vorreißer, Tambour oder Abnehmer entstehen. Ausserdem ist natürlich zu fordern, daß das vom Hacker abgeschlagene Vlies, das vor den Kalanderwalzen zusammengefaßt und von diesen komprimiert wird, keinerlei Stauungen oder zusätzlichen Verzügen ausgesetzt wird.

Im Vorstehenden wurde bereits ausführlich dargelegt, daß die Karde keine Speicherwirkung aufweist und demzufolge das mit der Wickelwatte zugelieferte Fasermaterial auch anschließend in gleicher Menge dem eingestellten Verzug entsprechend zur Bandbildung zur Verfügung steht. Sofern nicht irgendwelche Materialansammlungen auftreten, die sich mehr oder weniger regelmäßig der laufend zugeführten Wickelwatte zuordnen, bleibt damit zu rechnen, daß sich durch fehlerhaftes Arbeiten der Karde bedingte Veränderungen im Bandquerschnitt nur jeweils über kurze Längen erstrecken.

Bei der Behandlung der Arbeitsweise der einzelnen Maschinenelemente in der Karde soll in Richtung des Materialflusses vorgegangen und hierbei auf die für Abbildung 1 gewählte Kennzeichnung Bezug genommen werden.

6.21 Fehlerhafter Getriebeverzug

Bei einer gleichmäßigen Beschaffenheit der vorgelegten Wickelwatte wird das ausgelieferte Kardenband Gleichmäßigkeitsschwankungen aufweisen, wenn in irgendeiner Weise der zwischen Abnehmer und Speisewalze eingestellte Getriebeverzug Störungen unterliegt. Bei der aus Abbildung 10 ersichtlichen Zahnradübertragung ist gewährleistet, daß die in einer bestimmten Zeit von der Speisewalze ausgeführten Umdrehungen in dem gewünschten Verhältnis zu der Geschwindigkeit des Abnehmers steht. Dagegen ist ein kurzzeitiges Vor- und Nacheilen der Speisewalze gegenüber der Sollgeschwindigkeit möglich, wenn irgendwelche Fehler in den Übertragungsorganen vorliegen. Solche Störungen werden vor allem dann zu erwarten sein, wenn der Eingriff der verwendeten Kegelräder nicht einwandfrei erfolgt, eine Verschmutzung, ein Zahnfehler oder ein übermäßiger Verschleiß vorliegt.

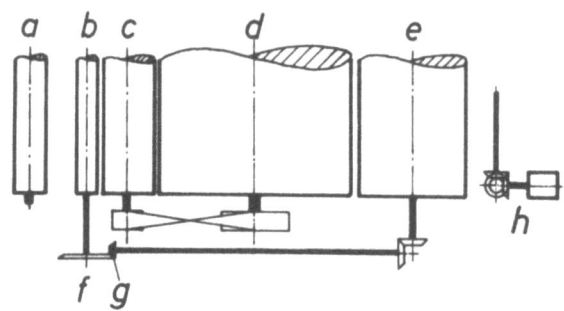

Abbildung 10

Ausschnitt aus dem Getriebe einer Karde

a) Wickelwalze
b) Speisezylinder
c) Vorreißer
d) Tambour
e) Abnehmer
f) Tellerrad am Vorreißer
g) Nummernwechsel
h) Drehtopflieferwalze

Ein ungleichmäßiger Lauf kann auch dadurch entstehen, daß die Lagerung ein zu großes Spiel aufweist und dadurch Veranlassung gegeben wird, daß die Speisewalze nicht immer mit genau gleicher Winkelgeschwindigkeit umläuft.

Bei der verhältnismäßig geringen Geschwindigkeit der Speisewalze haben die vorstehend geschilderten Unzulänglichkeiten unter Umständen größere Beeinflussungen des Materialflusses und damit der Gleichmäßigkeit des ausgelieferten Kardenbandes zur Folge. Das ist mit den in der Abbildung 11 zusammengestellten Diagrammen (A) und (B) nachzuweisen [10].

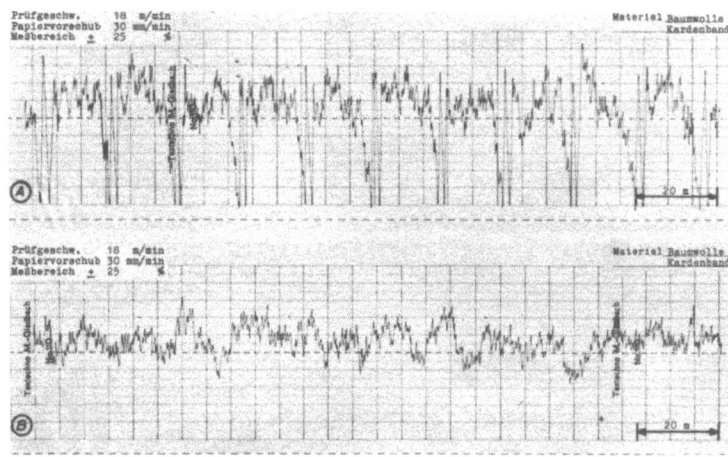

A b b i l d u n g   11

Gleichmäßigkeitsprüfung an Kardenlunten Prüfgerät Textronograph
  A 2 Zähne am Tellerrad des Einzugszylinders verschlissen
  B Störung behoben

6.22 Wickelnder Vorreißer

Mitunter ist zu beobachten, daß sich der Vorreißer entgegen der ihm zugedachten Arbeitsweise mit Fasern auffüllt. Dieser mit "Wickeln" bezeichnete Vorgang wird vorwiegend bei Zellwolle, weniger dagegen bei Baumwolle, zu beobachten sein. Für Zellwolle wird deshalb im allgemeinen die Verwendung einer Zahnform für den Vorreißer empfohlen, deren in Laufrichtung angeordnete Arbeitskante nicht wie bei Baumwolle üblich vorgezogen, sondern leicht nach hinten geneigt ist. Dadurch soll die Abnahme der Fasern durch die Tambourgarnitur erleichtert werden.

Produktionsbedingte Überlegungen machen es vielfach erforderlich, zeitweise für die Verarbeitung von Zellwolle Karden einzusetzen, die sonst in die normale Baumwollproduktion eingereiht sind. Hierbei bleibt dann zu befürchten, daß eine Wickelbildung am Vorreißer auftritt, wobei auf diesen Vorgang zweifellos die Fasereigenschaften bzw. die Faseroberfläche und damit die aufgebrachte Avivage von Einfluß sind.

Ein wickelnder Vorreißer kann natürlich nicht beliebig viel Fasermaterial aufnehmen. Während dieses Vorganges wird dem Tambour nicht die der Wickelwattedicke entsprechende Fasermenge zugeführt. Auch ist mit gewissen Unregelmäßigkeiten zu rechnen. Der Vorgang des Wickelns wird eine bestimmte Zeit dauern. Dann besteht die Gefahr, daß sich Faserbatzen aus der Vorreißergarnitur herauslösen, die vom Tambour erfaßt und entsprechend weitergegeben werden. Dieser Vorgang kann sich mehr oder weniger periodisch abspielen.

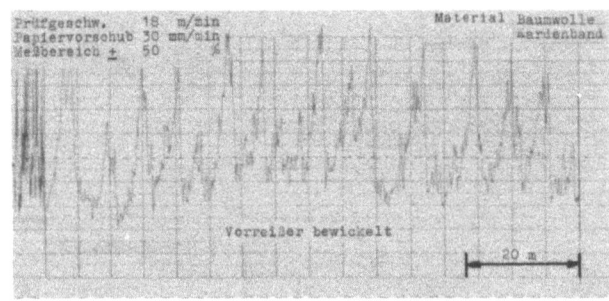

A b b i l d u n g   12

Prüfgerät Textronograph

Beeinträchtigung der Bandungleichmäßigkeit durch wickelnden Vorreißer

Abbildung 12 zeigt das Ergebnis einer Gleichmäßigkeitsprüfung, bei der die Bandgleichmäßigkeit durch stärkere Wickelbildung am Vorreißer nachteilig beeinträchtigt wurde. Die fast periodisch auftretenden Schwankungsspiele lassen erkennen, daß sich die Abgabe von Fasermaterial und das anschließende Wiederauffüllen (Wickeln) der Vorreißergarnitur nahezu regelmäßig abspielt.

6.23 Deckelperioden

Sofern im Kardenband auftretende Gleichmäßigkeitsschwankungen periodisch verlaufen, dann lassen sich die hierfür gegebenen Ursachen leicht auffinden, wenn die Perioden in Übereinstimmung mit der Umdrehungszahl irgendeines Maschinenteiles stehen.

Weniger bekannt sind Fehlerursachen, die durch das Wandern der Deckel verursacht werden. Da sie im Kardenband verteilt auf verhältnismäßig große Bandlängen auftreten, werden sie vielfach für wickelbedingte Störungen gehalten. Wie im Nachstehenden gezeigt wird, lassen sich jedoch bei Kenntnis der sich abspielenden Vorgänge aus den aufgenommenen Diagrammen ohne weiteres auch solche Deckelperioden erkennen.

Diagramm (A) zeigt eine im Kardenband festgestellte Deckelperiode. Zunächst lag die Vermutung nahe, daß die auf ca. 10 m Länge verteilte Querschnittsschwankung vom Wickel herrührt. Durch Austauschen des Wickels konnte aber festgestellt werden, daß die Schwankungsperiode blieb bzw. mit dem Wickel nicht auf eine andere Karde zu übertragen war. Ein Stillsetzen der Transportvorrichtung für die Deckel brachte dagegen, wie an dem Diagramm (B) von Abbildung 13 ersichtlich ist, ein Verschwinden der Periode. Bei weiteren Versuchen wurde die Deckelgeschwindigkeit verändert. Entsprechend verminderte und vergrößerte sich auch die Periodenlänge, so daß damit ein schlüssiger Beweis dafür zu führen war, daß ein ursächlicher Zusammenhang besteht.

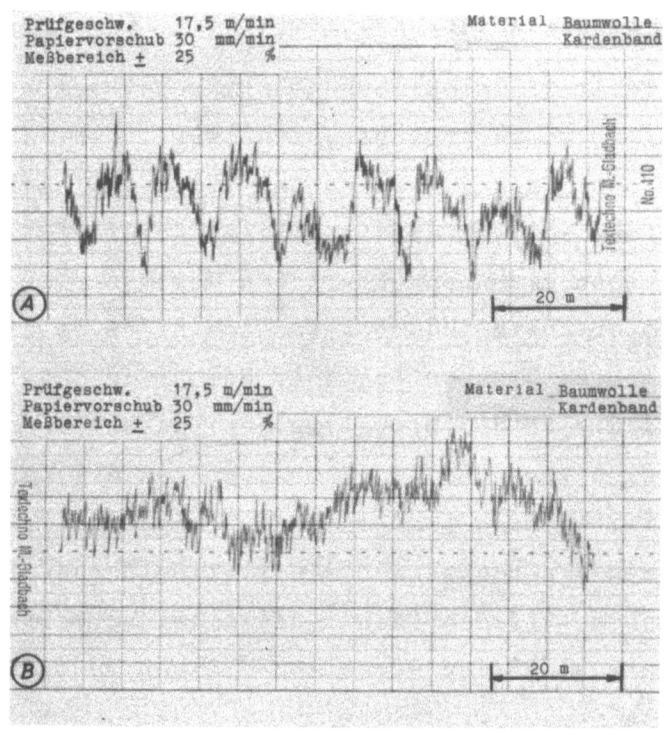

A b b i l d u n g   13

Prüfgerät Textronograph

Gleichmäßigkeitsprüfungen an Kardenband

A Nachweis von "Deckelperioden"

B Kurvenbild nach Stillsetzen der Wanderdeckel

Der Zustand der Karden war im vorliegenden Falle nicht zu beanstanden. Es handelte sich um neue Baumuster, bei denen praktisch noch keine Verschleißerscheinungen zu verzeichnen waren. Nachdem die Zusammenhänge zwischen der Bandungleichmäßigkeit und der Deckelwanderung klar aufgezeigt worden waren, ergab sich zwangsläufig die Frage nach einer Erklärung für diese Erscheinung. Das Gleiten der Deckel auf den Laufflächen der Flexibelbögen konnte natürlich keinerlei Periodenbildung auslösen. Die Fehler müssen also an den Zu- oder Ablaufstellen der Deckel zum bzw. vom Tambourumfang gesucht werden. Die Deckelgeschwindigkeit wurde im vorliegenden Falle zu 80 mm/min., der Deckelabstand zu 38 mm festgestellt. Für die Zuführung eines Deckels an den Tambourumfang bzw. für die Abnahme wird demnach eine Zeit von 0,56 min benötigt. Das steht in Übereinstimmung mit den bei den Gleichmäßigkeitsprüfungen getroffenen Feststellungen über die Periodenbildung.

Eine Beobachtung der Deckelführung und Deckelwanderung gab zu Beanstandungen zunächst keine Veranlassung. Offenbar ist die Einstellung des Deckelleitrades am Deckeleinlauf kritisch.

Der Abstand Deckelleitrad/Flexibelbogen betrug bei der betreffenden Karde 12 mm. Er wurde auf 20 mm vergrößert, um zu erreichen, daß die Deckel tangential zum Tambourumfang auflaufen und die Deckelhinterkante sich allmählich senkt, bis das vollständige Aufliegen erreicht ist. Mit einer solchen Maßnahme lassen sich Deckelperioden meist vermeiden bzw. weitgehend vermindern. Der Abstand darf natürlich nicht so stark vergrößert werden, daß die Karde zu stauben beginnt. Selbstverständlich ist auch darauf zu achten, daß sich die Deckel in den Deckelbolzen und die Ketten in den Gelenken frei bewegen können und nicht von abgehenden Kettengliedern in einer bestimmten Lage festgehalten werden. Im letzteren Falle können beim Aufsetzen der Deckel auf den Flexibelbogen nicht nur Störungen im Vlies entstehen, vielmehr sind auch eine übermäßige Abnützung und ein frühzeitiger Verschleiß der Deckellaufflächen zu befürchten.

Aus gleichen Gründen empfiehlt es sich, den Abstand Flexibelbogen/Deckelleitrad nicht zu groß zu wählen, damit die Deckel ordnungsgemäß geführt werden.

6.24 Schlechter Garniturzustand

Der Zustand der Garnitur, der Schliff, die Beschaffenheit der Häkchen und ein evtl. fortgeschrittener Häkchenausfall wirkt sich nicht nur auf das Auflösevermögen, d.h. die Kämmung und die Nissenbildung im ausgelieferten Band aus. Vielmehr ist anzunehmen, daß hierdurch auch die Gleichmäßigkeit des ausgelieferten Kardenbandes beeinflußt wird. Ursache hierfür ist ein unterschiedliches Aufnahmevermögen bzw. die ungleichmäßige Abgabe von in der Tambourgarnitur aufgenommenen Fasermaterials an den Abnehmer. Auch wird sich natürlich dessen Zustand auf die Wirkungsweise des das Vlies abschlagenden Hackers auswirken.

Das Diagramm (A), Abbildung 14, gilt für eine ausgediente Kardengarnitur am Tambour. Die zu verzeichnenden starken Ungleichmäßigkeiten können nur darauf zurückgeführt werden, daß sich Hohlräume mit Fasermaterial auffüllen und daß dieses dann ungleichmäßig vom Abnehmer wieder abgenommen wird, so daß dicke und dünne Stellen entstehen.

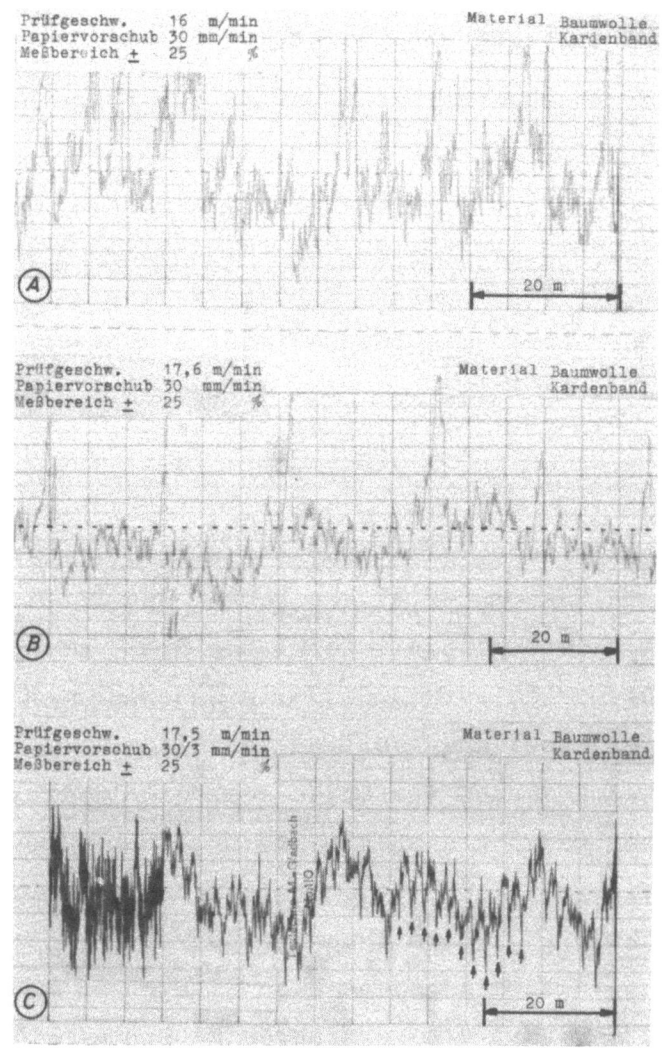

A b b i l d u n g   14

Prüfgerät Textronograph

Einfluß der Garniturgüte auf die Bandungleichmäßigkeit
- A   Ausgediente Kardengarnitur am Tambour
- B   Beschädigung der Tambourgarnitur
- C   Beschädigung der Abnehmergarnitur

Von Interesse ist in diesem Zusammenhang ein Hinweis auf das Diagramm (B), Abbildung 14. Als Ursache für die in bestimmten Abständen auftretenden Dickstellen im Kardenband wurde eine Beschädigung der Tambourgarnitur ermittelt, die offenbar durch ein eingelaufenes Putztuch entstanden war.

Auch hier ergab sich, daß die Stelle des Tambourumfanges, bei der die Häkchen verbogen und niedergedrückt waren, zunächst Fasermaterial aufspeicherte und dieses dann als Batzen auf den Abnehmer weitergab. Da der Tambour weitgehendst abgedeckt und seine Oberfläche nicht sichtbar ist, wurde der Fehler erst zu einem späteren Zeitpunkt entdeckt, d.h. nachdem die Karde eine ganze Zeitlang ein fehlerhaftes Band geliefert hatte.

Ähnliche Schäden der Abnehmergarnitur werden zur Folge haben, daß der Hacker das Vlies an der betreffenden Stelle nicht immer gleichmäßig abnimmt. Hier ist die Gefahr insofern jedoch geringer, da sich derartige Schäden leichter erkennen lassen, so daß rechtzeitig für eine entsprechende Abhilfe Sorge getragen werden kann. Das Diagramm (C) von Abbildung 24 wurde an einer Karde mit beschädigter Abnehmergarnitur aufgenommen.

6.25 Unrunder Abnehmer

Der Abnehmer hat die Aufgabe, gleichmäßig das in der Garnitur des Tambours aufgespeicherte Fasermaterial abzunehmen und über den Hacker in Vliesform an den Kannenstock abzuliefern. Der Spalt zwischen Tambour und Abnehmer muß so eingestellt werden, daß die Faserübernahme möglich ist. Zunächst erscheint es dabei unwesentlich, ob mit extrem kleinen Einstellungen oder mit etwas größeren Abständen gearbeitet wird. Spielen sich die Vorgänge in immer genau gleicher Weise ab, dann wird sich das vom Wickel über die Speisewalze und den Vorreißer dem Tambour zugeführte Fasermaterial gleichmäßig auf den Abnehmer übertragen. Ganz zweifellos nimmt der Abstand aber auf den gewünschten Kämmprozeß und auf die Auflösung der Faserflocken bzw. von vernissten Fasern einen maßgeblichen Einfluß. Nach der dem Bericht zugrunde liegenden Aufgabe galt es jedoch, Ursachen für beobachtete Bandungleichmäßigkeiten zu finden, die nach dem Vorgesagten - sofern keine extremen Verstellungen angewandt werden - kaum durch die Spalteinstellung zwischen Tambour und Abnehmer hervorgerufen sein können.

Zweifellos erhöht sich die Faserauflage auf die Garnitur des Tambours, wenn der Abnehmer nicht zu eng an den Tambour herangeführt wird. Umgekehrt ist damit zu rechnen, daß der Abnehmer die Fasern vom Tambour in einem stärkeren Maße abzieht, wenn ein kleiner Spalt vorgesehen ist. Hiermit bleibt zu erklären, daß periodisch verlaufende Gleichmäßigkeitsschwankungen im Kardenband auftreten, wenn - veranlaßt durch einen unrunden Lauf des Abnehmers - der Luftspalt bei jeder Umdrehung wiederkehrend gewisse Veränderungen erfährt.

Gilt für den einfachsten Fall, daß der Abnehmer exzentrisch läuft, dann wird er während einer Umdrehung einmal dichter, ein anderes Mal weniger nahe an den Tambourumfang herangeführt. Beim größeren Abstand erfolgt eine weniger intensive Übernahme von Fasern, während die enger an den Tambour herangeführte Garnituroberfläche diesem in stärkerem Maße das Fasermaterial entzieht.

Diagramm (A), Abbildung 15, zeigt eine ausgeprägte "Abnehmerperiode", die dadurch entstanden ist, daß der Abnehmer einen Schlag aufweist.

Mitunter sind auch "eiförmig" unrunde Abnehmer festzustellen. Hier ist zu erwarten, daß sich während eines Abnehmerumlaufs zwei Dick- und zwei Dünnstellen ausbilden. Daß dieses tatsächlich der Fall ist, läßt Diagramm (B), Abbildung 15, erkennen.

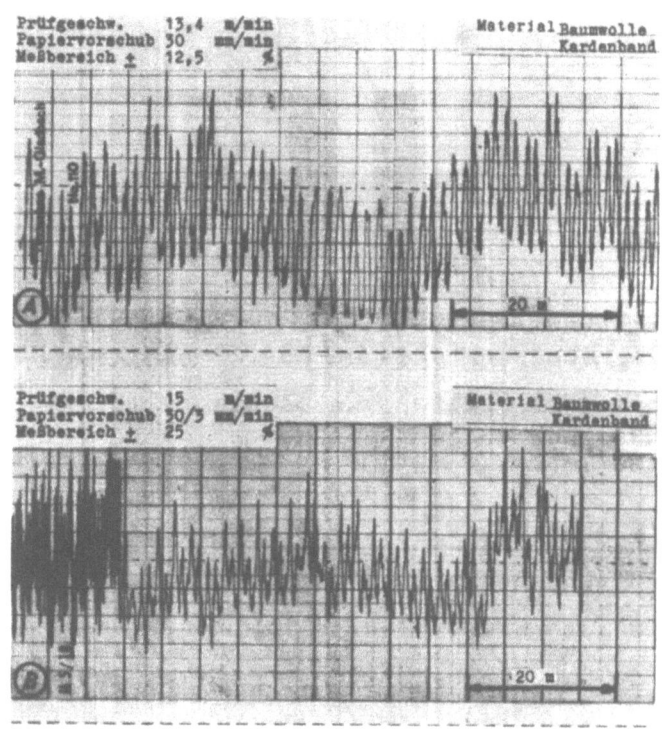

Abbildung 15

Prüfgerät Textronograph

A Gleichmäßigkeitsschwankungen verursacht durch schlagenden Abnehmer

B Periodisch auftretende Ungleichmäßigkeit bei "eiförmig unrundem" Abnehmer

Der unrunde Lauf von Abnehmern kann durch Aufsetzen von einfachen Meßuhren bestimmt werden. Das eigentliche Tastorgan ist dabei zweckmäßig mit einem Gleitschuh zu versehen, der eine gewisse Breite aufweist und leicht über die Häkchenenden hinweggleitet. Findet als Meßorgan ein magnet-elektrischer Meßkopf Verwendung, der über einen Meßverstärker einen elektrischen Tintenschreiber ansteuert, dann ist es möglich, den unrunden Lauf eines Abnehmers auch im Diagramm darzustellen. Von einschlägigen Untersuchungen stammen die Aufnahmen Abbildung 16 [10].

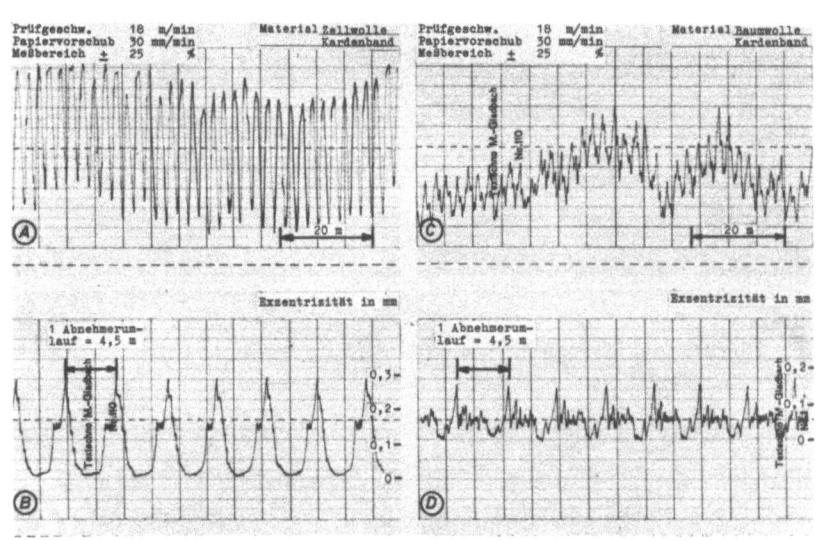

A b b i l d u n g   16

A Prüfgerät Textronograph
   Einfluß des Abnehmerschlages auf den Ausfall der Kardenlunte

B Prüfgerät magnet-elektrische Tastlehre
   Aufzeichnung der Größe des Abnehmerschlages

Gegenübergestellt sind hiermit die bei Gleichmäßigkeitsprüfungen mit dem Textronograph aufgenommenen Diagramme (A) und (C) mit Diagrammen (B) und (D), die mittels der magnet-elektrischen Meßeinrichtung aufgezeichnet wurden und die in 0,1 mm den unrunden Lauf des Abnehmers angeben. Recht anschaulich ist hieraus ersichtlich, wie bei einem Schlag von etwa 0,3 mm starke Abnehmerperioden entstehen, während bei nahezu rundem Lauf des Abnehmers die Schwankungsspiele nur noch schwach angedeutet zu erkennen sind.

Ein vorhandener Abnehmerschlag wird um so stärker in Erscheinung treten, je enger die Einstellung Tambour/Abnehmer gewählt wird, da die Größe des Schlages relativ betrachtet zunimmt. Eine weite Einstellung bringt jedoch keine Abhilfe, weil sich dadurch Bandgleichmäßigkeit und Vliesreinheit verschlechtern.

6.26 Schlagender Tambour

Nachteilige Auswirkungen könnten auch durch einen schlagenden Tambour entstehen. Dieser läuft gegenüber dem Abnehmer mit einer sehr hohen Geschwindigkeit. Es ist anzunehmen, daß sich durch unrunden Lauf des Tambours eine bedingte Veränderung des Luftspaltes dahin auswirkt, daß dem Abnehmer eine etwas unterschiedliche Faserauflage vermittelt wird.

Hierdurch bedingte Gleichförmigkeitsschwankungen im Vlies würden sich auf verhältnismäßig kurze Materiallängen (ca. 60 - 100 mm) erstrecken. Da das Vlies durch Bandtrichter und Kalanderwalzen dreieckförmig zusammengefaßt wird, ergibt sich ein gewisser Ausgleich (Doublierungseffekt) derart, daß dickere und dünne Stellen miteinander gepaart werden. Bei den umfangreichen, vom Institut durchgeführten Untersuchungen konnte auch nicht festgestellt werden, daß periodische, über kurze Bandlängen verteilte Querschnittsschwankungen auftraten, die auf einen schlagenden Tambour zurückzuführen waren.

6.27 Drehtellerperioden

In der Fachliteratur wird verschiedentlich über das Auftreten von periodischen Gleichmäßigkeitsschwankungen berichtet, deren Entstehungsursache in der zykloidalen Ablage des Bandes im Drehtopf liegen soll [11, 12]. Durchweg wurden derartige Perioden bei der Überprüfung von Kardenbändern im Labor mit den bekannten Hochfrequenz-Meßgeräten festgestellt. Als Beispiel für derartige Schwankungsspiele ist das Diagramm (A), Abbildung 17, aufgenommen worden.

Drehtellerperioden können dann auftreten, wenn die Umfangsgeschwindigkeit der Drehtopfkalanderwalze um einen unzulässig großen Betrag von der Ablegegeschwindigkeit des Bandes in der Kanne abweicht. Voraussetzung ist dabei allerdings, daß die Kannenfüllung mit einer gewissen Kraft an den Drehteller angepreßt wird.

Es ist gelegentlich zu beobachten, daß das Band an einigen Stellen der Zykloide gleichsam als Vieleck abgelegt wird oder Faltungen, hervorgerufen durch ein Umkippen, aufweist [13]. Dieser Zustand wird durch eine längere Lagerung fixiert und kann sich bei der Prüfung des Materials im Hochfrequenz-Gleichmäßigkeitsprüfer sowohl infolge einer etwas größeren Materialanhäufung als auch durch den bekannten Formeffekt als periodische Störung äußern.

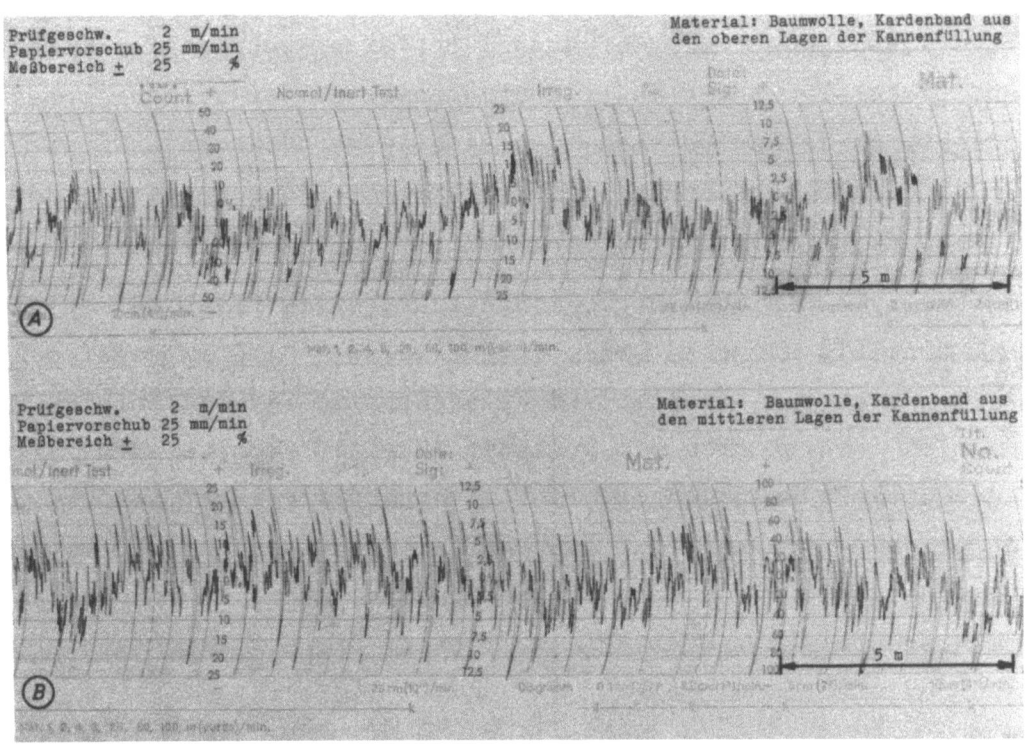

Abbildung 17

Prüfgerät Gleichmäßigkeitsprüfer USTER

A Untersuchung von Drehtopftellerperioden

B Entnahme des Prüfgutes direkt nach dem Kardieren

Die mit Abbildung 17, Diagramm (A), gezeigten Schwankungsspiele können ihre Ursache in einer vorgangbedingten, unterschiedlichen, durch Stauchungen veranlaßten Banddichte haben. Sie sind nicht nur bei den der vollen Kanne entnommenen, unter einem gewissen Druck eingebrachten oberen Bandlagen sichtbar, sondern treten auch noch in Bandstücken auf, die der bereits z.T. entleerten Kanne entnommen worden sind (Abb.17, Diagramm (B))

Es ist anzunehmen, daß durch Auslegen des Bandes vor der Prüfung Gelegenheit zu einem gewissen Ausgleich gegeben wird. Die mit Abbildung 18 gezeigten Diagramme, die von gleichen, aber vorher mehrere Stunden im Prüfraum ausgelegten Bandstücken stammen, zeigen, daß die charakteristischen Perioden weitgehend verschwunden sind.

Weitere Beobachtungen bestätigen die Annahme, daß mit der Ablage des Bandes in der Kanne übereinstimmende Schwankungsspiele im Gleichmäßigkeitsdiagramm auch durch Auswirkungen eines unterschiedlichen Klimas innerhalb der Kanne verursacht werden können.

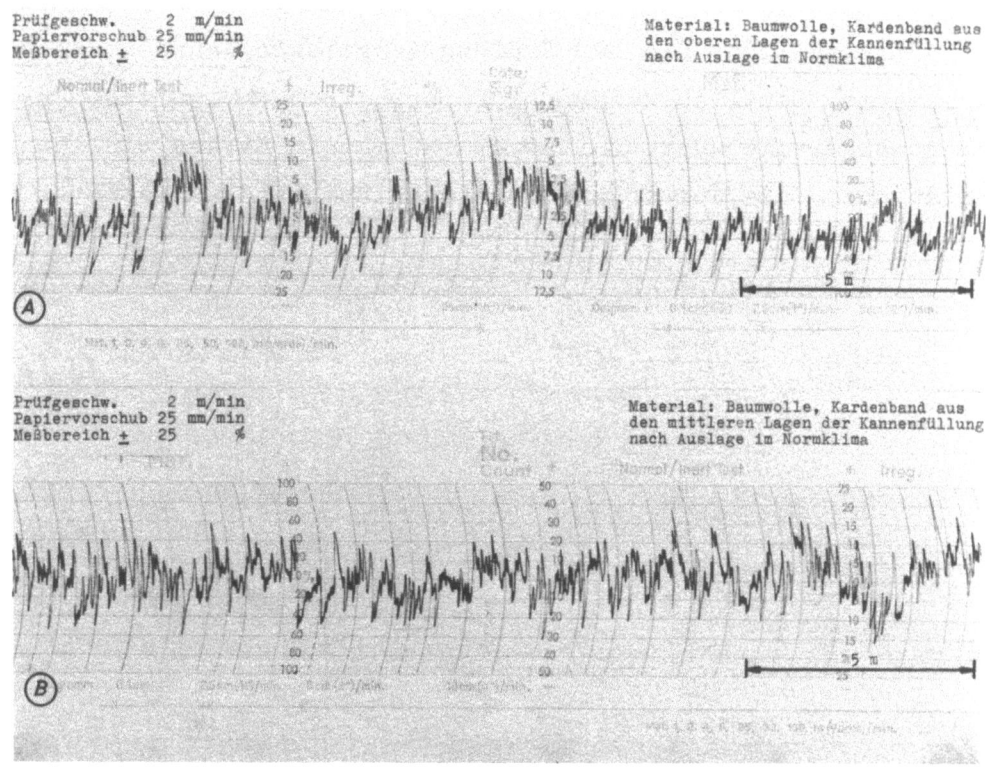

Abbildung 18

Prüfgerät Gleichmäßigkeitsprüfer USTER

A   Untersuchung von Drehtopftellerperioden
B   Prüfung nach Auslage des Bandes im Normklima

Bekanntlich nimmt in einigen Fällen der Feuchtigkeitsgehalt des Prüflings Einfluß auf das Meßergebnis einer Hochfrequenz-Gleichmäßigkeitsprüfung. Zusätzlich zur Masse des Prüfgutes wird also auch das diesem bzw. den aufgebrachten Avivagemitteln anhaftende Wasser erfaßt. Liegt eine gleichmäßige Verteilung vor, dann ist keine nachteilige Beeinflussung des Meßergebnisses zu erwarten. Ein stärker unterschiedlicher Feuchtigkeitsgehalt kann dagegen Gleichmäßigkeitsschwankungen vortäuschen, die mit dem tatsächlichen Faserbandquerschnitt nicht in Übereinstimmung stehen.

Das Klima in den Spinnsälen bzw. im Kardenraum wird sich im allgemeinen von dem Klima im Labor unterscheiden. Das Angleichen eines in einer Kanne abgelegten Faserbandes an die Klimaverhältnisse im Labor vollzieht sich zweifellos sehr langsam.

Auch ist anzunehmen, daß das Klima innerhalb der Kanne gestört wird, wenn deren Außenwandung durch einen Raumwechsel anderen Temperaturen ausgesetzt ist.

Recht anschaulich ist der Klimaeinfluß aus dem in Abbildung 19 gezeigten Diagramm (A) ersichtlich. Die zur Prüfung vorgelegte Kanne wurde hierbei einseitig erwärmt. Deutlich zeigen sich periodisch verlaufende Veränderungen der Anzeige, die Querschnittsverminderungen an den Stellen des Bandes vortäuschen, die der erwärmten Kanneninnenwand am nächsten lagen.

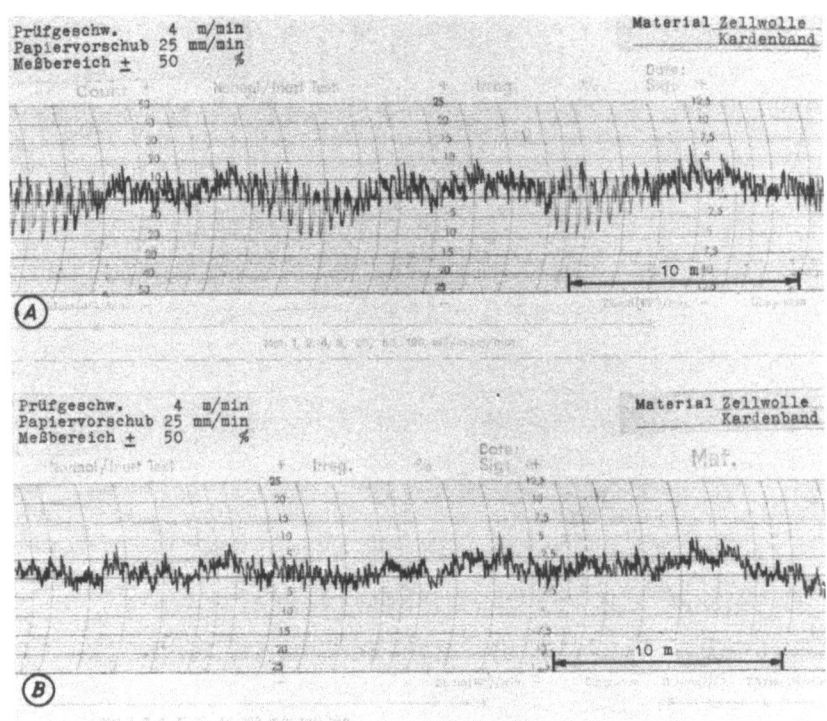

Abbildung 19

Prüfgerät Gleichmäßigkeitsprüfer USTER

"Unechte"Drehtellerperioden, bedingt durch Klimaunterschiede in der Kanne

    A Kanne einseitig erwärmt

    B Prüfung nach Auslage im Normklima

Das in Diagramm (A) der Abbildung 19 getestete, mit klimabedingten, periodischen Feuchtigkeitsschwankungen behaftete Material wurde 15 Stunden lang im Normklima ausgelegt und anschließend einer Wiederholungsprüfung unterzogen. Das Ergebnis ist in Diagramm (B) der Abbildung wiedergegeben, welches nachweist, daß die Feuchtigkeitsschwankungen verschwunden sind.

6.3 Anderweitige Einflüsse auf die Bandgleichmäßigkeit

6.31 Liefergeschwindigkeit

Wird bei gleicher Drehzahl vom Tambour und Vorreißer die Durchgangsgeschwindigkeit des Fasermaterials dadurch erhöht, daß Speisewalze, Abnehmer und nachfolgende Transporteinrichtungen für Faservlies bzw. Faserband schneller laufen, dann bleibt für die Behandlung der Fasern bzw. für den Kämmprozess und damit für das Parallellegen und Aufziehen von Faserbüscheln weniger Zeit. Es ist also mit einem erhöhten Anfall von Nissen zu rechnen. In der Bandgleichmäßigkeit wirkt sich dagegen eine Erhöhung der Liefergeschwindigkeit nur unwesentlich aus.

6.32 Garniturbesatz

Auch die Art der verwendeten Garnituren wird auf die Gleichmäßigkeit des Kardenbandes kaum Einfluß nehmen. Wenn an Stelle der althergebrachten Häkchengarnitur Ganzstahlgarnituren Verwendung finden, dürften hierfür Beobachtungen und Überlegungen gelten, die sich auf die Verarbeitungsmöglichkeiten bestimmter Faserarten, vor allem der Chemiefaser, auf die Haltbarkeit der Garnitur, das Schleifen, insbesondere das genaue Rundschleifen und auf das von Zeit zu Zeit erforderliche Ausstoßen beziehen.

Über den erzielten Auflösungsgrad gibt die Gleichmäßigkeitsprüfung eines Kardenbandes keinen Aufschluß. Evtl. werden kurzfolgende geringfügige Nummernschwankungen im Diagramm unterschiedlich in Erscheinung treten, wenn die Übernahme des Fasermaterials vom Vorreißer auf den Tambour und insbesondere vom Tambour auf den Abnehmer bei den verschiedenen Garnituren nicht unter ganz gleichen Voraussetzungen erfolgt.

Die drei Diagramme von Abbildung 20 geben hierfür eine gewisse Bestätigung. Dabei wurde das Kardenband beim Einlauf in die erste Streckenpassage geprüft. Die über größere Bandlängen vorhandenen Nummernschwankungen sind zweifellos nicht auf die Garnituren zurückzuführen. Dagegen zeigen sich für die beiden Ganzstahlgarnituren in stärkerem Maße aber auch noch bei der Häkchengarnitur unterschiedliche, kurzfolgende Schwankungsspiele. Diese deuten auf eine etwas unterschiedliche Materialübernahme zwischen den verschiedenen, der Kämmung bzw. der Auflösung des Fasermaterials dienenden Organe hin.

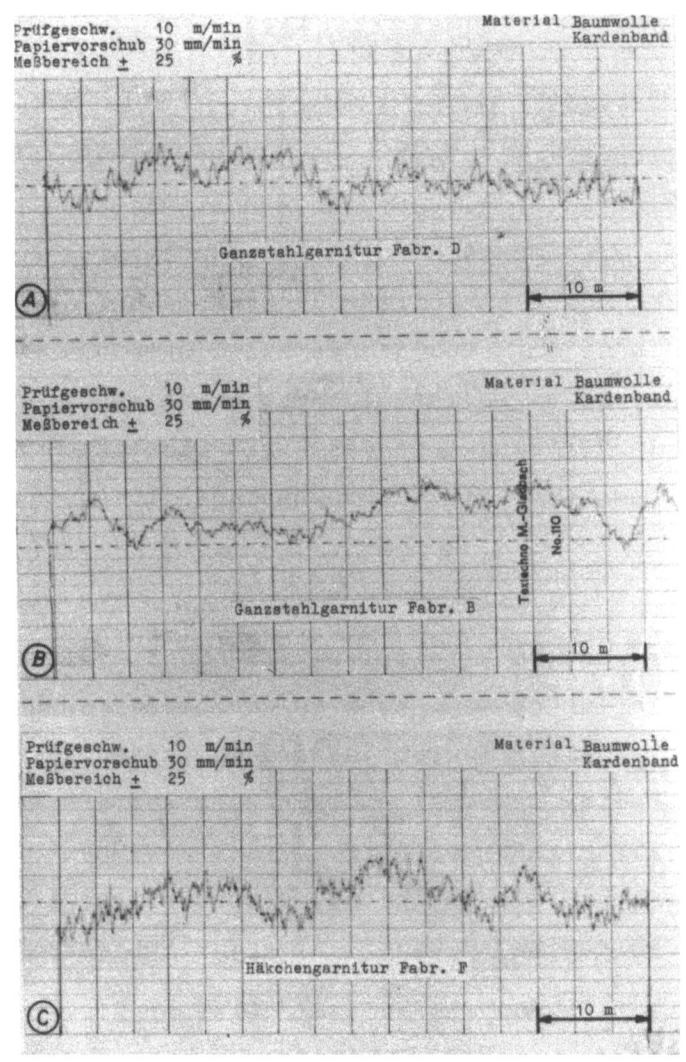

A b b i l d u n g   20

Prüfgerät Textronograph

Einfluß des Garniturbesatzes an der Karde auf die

Gleichmäßigkeitsschwankungen

6.33 Ausstoßvorgang

Wird durch pneumatisches Ausstoßen oder durch Ausstoßen mit einer Bürstenwalze das von der Garnitur festgehaltene bzw. zwischen den Häkchen oder Zähnen liegende Fasermaterial abgenommen und die Karde erneut zum Anlauf gebracht, dann dauert es eine gewisse Zeit, bis der alte Zustand wieder hergestellt ist. Die Garnituren füllen sich erneut auf, d.h. die in der von der Einzugswalze geförderten Wickelwatte enthaltenen angelieferten Fasern wandern nicht auf dem kürzesten Weg über den Vorreißer und Tambour zum Abnehmer. Vielmehr muß für die Garniturfüllung erst ein gewisser Endzustand erreicht sein, ehe der Faser- bzw. Materialtransport in der gewünschten Weise vor sich geht.

Dieser Vorgang hat zur Folge, daß zunächst kurz nach dem Wiederanlauf der Karde vom Hacker noch keine für eine Vlies- und Bandbildung geeignete Fasern vom Abnehmer abgeschlagen werden. Erst nach dem Verlauf von 15 bis 20 sec wird es dort zu einer leichten Vliesbildung kommen. Nachfolgend ist mit einem raschen Zunehmen der Vliesdichte bzw. der Stärke des daraus zu bildenden Faserbandes zu rechnen. Erfahrungsgemäß steht 1,5 bis 2 min nach erfolgtem Anlauf des Materialtransportes ein genügend dickes Band zur Verfügung, das durch den Einführtrichter im Kannenstock in die Kanne abgelegt werden kann. Allerdings muß damit gerechnet werden, daß dieses Faserband noch nicht seine Sollstärke erreicht. Vielmehr ist im weiteren Verlauf eine zunächst noch etwas raschere und dann später sehr langsame Zunahme der Bandstärke zu erwarten in dem Maße, wie sich die Garnituren weiter auffüllen und auch bei etwas ansteigendem Füllgrad weitere Fasern nicht mehr aufnehmen können.

Den Verlauf der Bandstärke nach dem Ausstoßvorgang zeigt anschaulich Abbildung 21. Der Diagrammpapiervorschub wurde dabei gleichzeitig mit dem Materialtransport eingerückt. Nach einer Zeit von etwa 20 sec stand ein dünnes Faserband zur Verfügung, das durch die Kalanderwalzen über den Schlitz des Meßkondensators in den Einführungstrichter des Kannenstocks geführt werden

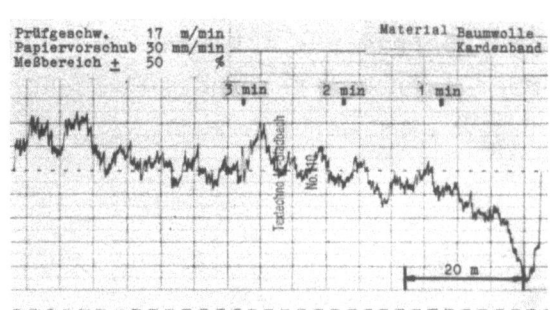

A b b i l d u n g 21

Prüfgerät Textronograph
Zunahme der Bandstärke nach dem
Ausstoßvorgang

konnte. Von diesem Zeitpunkt an beginnt also die Messung. Der Kurvenzug zeigt, wie die Bandstücke nunmehr im Verlauf von 1 bis 3 min praktisch auf Sollstärke anwächst.

Schon frühzeitig zeigen sich von der Karde bzw. ihrer Garnitur nicht mehr ausgeglichene Schwankungen, die in diesem Falle zweifellos auf entsprechende Ungleichmäßigkeiten im vorgelegten Winkel zurückzuführen sind.

6.34 Faserstoffwechsel

Es ist anzunehmen, daß sich auf die Übernahme der Fasern vom Vorreißer auf den Tambour und vom Tambour auf den Abnehmer auch die Fasereigenschaften auswirken. Insbesondere wird hierfür die Stapellänge maßgeblich sein. Ein gleichmäßigerer Übergang ist zu erwarten, wenn ein ideales Stapelschaubild vorliegt. Baumwollsorten mit einem starken Kurzfaseranteil werden demgegenüber dazu führen, daß sich die Fasern unregelmäßiger von der Garnitur lösen. Danach bleibt anzunehmen, daß - sofern sich solche sehr kurzzeitig abspielenden Vorgänge überhaupt bei einer Gleichmäßigkeitsprüfung im Kardenband nachweisen lassen - ein kurzstapeliges, ungleichmäßiges Fasermaterial ein Band mit kurzfolgenden Querschnittsschwankungen ergibt, während das bessere Fasermaterial eine größere Gleichmäßigkeit verbürgt.

Diese Überlegungen scheinen durch die beiden Diagramme, Abbildung 22, bestätigt, wobei Diagramm (A) für die bessere Baumwollqualität, Diagramm (B) dagegen für eine weniger wertvolle Baumwolle gilt. Um vergleichbare Unterlagen zu erhalten, wurde der Versuch auf der gleichen Karde und mit den gleichen Einstellungen durchgeführt.

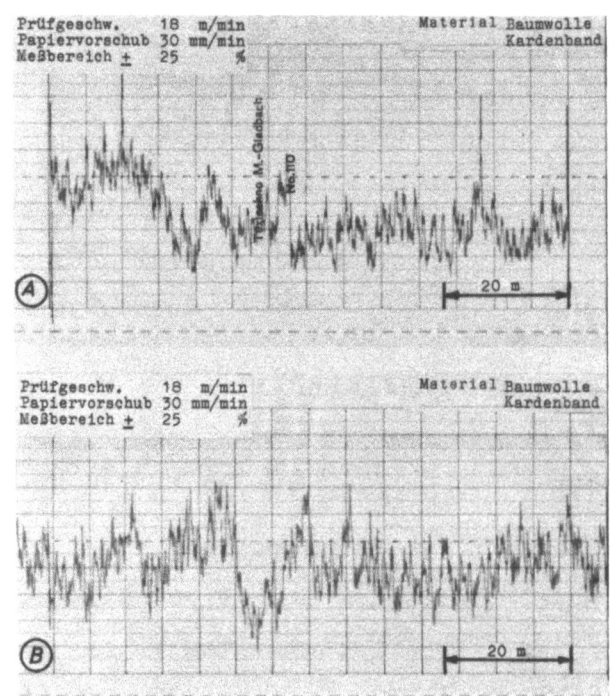

Abbildung 22
Prüfgerät Textronograph
Einfluß der Qualität der Baumwollmischung auf die Bandgleichmäßigkeit
    A Bessere Baumwollqualität
    B Kurzstapeliges Fasermaterial

6.35 Ungleiche Faserstoffverteilung in der Wickelwatte

Vielfach ist festzustellen, daß, bedingt durch die Arbeitsweise der Schlagmaschine bzw. die Wirkung der Siebtrommeln, die Wickelwatte quer zur Laufrichtung gesehen gewisse Dickenunterschiede aufweist. Dabei gilt, daß meist an den Rändern ein höheres, in der Mitte dagegen ein geringeres Flächengewicht vorhanden ist. Sofern nicht auch Gleichmäßigkeitsschwankungen in Längsrichtung gesehen vorliegen, ist nicht anzunehmen, daß eine solche Beschaffenheit der Wickelwatte Querschnittsschwankungen im Faserband zur Folge hat. Zweifellos ist damit zu rechnen, daß die Garnituren dadurch an den Rändern und in der Mitte unterschiedlich beaufschlagt werden. Das führt unter Umständen zu unterschiedlichen Faserfüllungen und daraus resultierend zu einer Beeinträchtigung der Kämmprozesse. Wenn es nicht dazu kommt, daß sich Material staut und partienweise wieder abgerissen wird, dann dürfte es kaum möglich sein, den Nachweis zu führen, daß sich solche Eigenschaften der Wickelwatte auf die Bandgleichmäßigkeit auswirken.

6.36 Kardenantrieb

Bei der Einführung des elektrischen Einzelantriebs für Spinnerei- und Webereimaschinen wurde die Karde zunächst vielfach ausgenommen. Sie hat einen praktisch gleichbleibenden Kraftbedarf; außerdem ist mit verhältnismäßig wenig Stillständen zu rechnen. Bei der Umstellung von einem rein mechanischen Kraftbetrieb auf Elektrobetrieb wurden deshalb die Transmissionsstränge für die Karden vielfach beibehalten und an Stelle direkter Verbindungen zur Kraftmaschine eine elektrische Kraftübertragung mit Gruppenmotoren vorgesehen.

Als störend werden vielfach die Riemenverbindungen zu den an der Decke verlegten Transmissionswellen empfunden, weil sie den Lichteinfall behindern, außerdem zu einer zusätzlichen Staubaufwirbelung führen. Beim Transmissionsantrieb kann dieser Übelstand dadurch beseitigt werden, daß die langen Transmissionsstränge nicht an der Decke, sondern in einem Raum unter den Karden verlegt werden und die Kraftübertragung durch Flachriemen auf die Fest- und Losscheibe des Kardentambours von unten her erfolgt.

Gruppenmotoren für lange Transmissionsstränge haben eine verhältnismäßig große Leistung. Sie sind deshalb bei einer Ausführung als gleichstromerregte Synchronmaschinen oder als Schleifringläufermotoren mit Drehstrom-Erregermaschinen geeignet, um zusätzlich der Verbesserung des Leistungsfaktors zu dienen. Bei Aufstellung von neuen Karden kommt hierfür vielfach ein Einzelantrieb zur Anwendung. Dieser ermöglicht eine freizügigere Anordnung der Karden im Raum und vermeidet Transmissionsanlagen und lange Riemenübertragungen.

Aus Gründen der Einfachheit wird auch hier oft der Antrieb über Fest- und Losscheibe beibehalten, der Motor mit einer doppelt breiten Riemenscheibe ausgestattet und der Antrieb von der Transmission her einfach durch einen Einzelmotor ersetzt. Abgesehen davon, daß auf diese Weise noch immer eine - wenn auch kürzere - Riemenübertragung verbleibt, hat zu gelten, daß durch den mit Vorspannung aufzulegenden Riemen auf die Antriebswelle des Tambours wie beim Transmissionstrieb eine mehr oder weniger große einseitig wirkende Zugkraft ausgeübt wird.

Bei den engen und möglichst genau einzuhaltenden Luftspalten zwischen Vorreißer und Tambour und Tambour und Abnehmer ist dies unerwünscht. Durch Verwendung von Wälzlagern an Stelle von Gleitlagern wird sich zwar das Lagenspiel verhältnismäßig gering halten lassen. Auch hier ist aber einem Antrieb der Vorzug zu geben, der solche einseitig radial wirkenden Zugkräfte vermeidet und Auswirkungen eines vorhandenen Lagenspiels auf die Spalteinstellung weitgehend ausschaltet.

Für den Antrieb von Baumwollkarden werden deshalb Einzelantriebe mit Zapfengetriebe vorgeschlagen und geliefert, bei denen sich der Motor gegen die Tambourwelle abstützt. Die grundsätzlichen Merkmale für ein solches Getriebe sind ein Zahnradtrieb für die Kraftübertragung von dem schnellaufenden Motor auf die langsamer laufende Tambourwelle und eine Lagerung des Getriebegehäuses auf der Trommelwelle derart, daß der mit dem Getriebe zusammengeflanschte und das Antriebsritzel tragende Motor an die Tambourwelle herumgeschwenkt werden kann. Eine elastische Abstützung, der gleichzeitig noch die Aufgabe zukommt, einen Teil des Gewichtes von Motor und Getriebe zu übernehmen, sorgt dafür, daß sich der eingeschaltete Motor bei stehenbleibendem Tambour nicht um die Tambourwelle drehend bewegen kann. Die elastische Abstützung gibt gleichzeitig eine Möglichkeit, auftretende Einschaltstöße zu dämpfen und für ein sanftes Anlaufen der Karde Sorge zu tragen.

Ein Zahnradtrieb erfordert im allgemeinen zusätzliche Schmierung. Außerdem belastet das Gewicht des gußeisernen Getriebegehäuses die Tambourwelle. Schließlich können durch den Zahnradtrieb Rüttelschwingungen ausgelöst werden, die sich unvorteilhaft auf die Arbeitsweise der Karde auswirken. Von diesen Überlegungen ausgehend bzw. um die Vorteile eines Zapfentriebs auch bei einer Riemenübertragung zu gewährleisten, wurde versuchsweise der aus Abbildung 23 ersichtliche Keilriementrieb aufgebaut.

A b b i l d u n g   23

Keilriemenantrieb an der Karde

Auch hier wird die gesamte Antriebsanordnung von der Tambourwelle getragen. Die von den mit Vorspannung aufzulegenden Keilriemen übertragenen, radial zur Welle angreifenden Kräfte bleiben ohne Auswirkung auf die Lagerung des Tambours im Maschinengestell.

Durch einen federnden Gummipuffer erfolgt die Abstützung gegenüber der Kardenwand. Die Keilriemenübertragung ist so gewählt, daß ein Riemenschlupf auf der kleinen Motorscheibe auch beim Übertragen der Anfahrdrehmomente vom Motor auf die Kardentrommel mit Sicherheit vermieden wird. Die Anordnung erfordert wenig Platz und ist im allgemeinen anzubringen, ohne daß es erforderlich wird, an der Karde bzw. zur Kraftübertragung zwischen den verschiedenen Maschinenelementen vorgesehene Triebwerke zu verändern.

7. Zusammenfassung

Die im Bericht behandelte Arbeit stellt sich zur Aufgabe, festzustellen, worauf im Kardenband beobachtete Gleichmäßigkeits- bzw. Nummernschwankungen zurückzuführen sind.

Die hierfür eingesetzten, nach dem Hochfrequenzmeßprinzip arbeitenden Meßgeräte werden beschrieben und gleichzeitig aufgezeigt, wie Fehlmessungen durch unterschiedliche Feuchtigkeitseinflüsse entstehen können. Sie werden insbesondere dadurch hervorgerufen, daß sich offenbar für das in einer Kanne in Bandform abgelegte Fasermaterial unterschiedliche "Klimabedingungen" ergeben.

Die Gleichmäßigkeit des Kardenbandes wird einmal durch die Faserschichtung in der vorgelegten Wickelwatte bzw. durch deren Gleichmäßigkeit bestimmt. Die Karde hat praktisch keinerlei Speicherwirkung und ist demzufolge nicht in der Lage, zuviel angeliefertes Fasermaterial aufzunehmen und über einen längeren Zeitabschnitt verteilt wieder abzugeben oder Löcher in der Watte in der Weise auszugleichen, daß vorher in den Garnituren aufgespeicherte Fasern zur Erzielung eines Ausgleichs freigegeben werden.

Unter den gegebenen Voraussetzungen hat - wie für ein normales Streckwerk - zu gelten, daß, um ein einwandfreies Arbeiten zu gewährleisten, der Getriebeverzug, d.h. der Geschwindigkeitsunterschied zwischen Speisewalze und Abnehmer keinerlei Veränderungen unterliegen darf. Fehler in den Übertragungsorganen, insbesondere Verzahnungsfehler in den beiden Kegelradtrieben führen unter Umständen dazu, daß die Speisewalze nicht gleichmäßig umläuft. Das ergibt zwangsläufig Schwankungen im Verzug und entsprechende Veränderungen der Kardenbandgleichmäßigkeit.

Periodische Gleichmäßigkeitsschwankungen werden dann auftreten, wenn durch einen Schlag des Abnehmers sich dessen Garnitur, der Tambourgarnitur mit jedem Umlauf wiederkehrend unterschiedlich weit nähert. Dies hat zur Folge, daß der Abnehmer mehr oder weniger Fasern von der Tambourgarnitur abnimmt und ein entsprechend im Querschnitt schwankendes Vlies abliefert. Perioden im Bandquerschnitt können unter Umständen auch durch das Wandern der Deckel ausgelöst werden. Offenbar führt hier ein schräges Anlegen der Deckel dazu, daß sich die oben auf der Tambourgarnitur aufliegenden Fasern zeitweise dem Abnehmer in etwas unterschiedlicher Lage zur Übernahme anbieten.

Unerwünschte Nummernschwankungen im Kardanband können schließlich noch dadurch entstehen, daß sich an bestimmten Stellen in der Karde Fasern aufspeichern (an Roststäben, in beschädigten Tambourgarnituren, seitwärts außen am Tambour) und dann zufallsbedingt der Tambourgarnitur wieder zugeführt werden. Solche Vorgänge führen zu einer kurzfristigen Störung im Materialtransport bzw. zu Dickstellen im Vlies und im Kardenband.

Abschließend wird kurz auf den Antrieb der Karde und einen versuchsweise zum Einsatz gebrachten Keilriemen-Zapfentrieb eingegangen.

Obering. Herbert STEIN
Ing. Martin EIDELSBURGER

8. Literaturverzeichnis

[1] MAY, D. — Die Beeinflussung der Gleichmäßigkeit des Gespinstes durch Doublierung, Passagenzahl und Verzug an der Strecke
Melliand Textilberichte 1958, S.831/33

[2] JOHANNSEN, O. — Handbuch der Baumwollspinnerei
B. Fr. Voigt, Leipzig

[3] OESER, W. — Baumwoll- und Zellwollspinnerei- sowie Zwirnerei
Verlag Robert Kohlhammer, Stuttgart 1950

[4] RAKOW, A.P., W.M. KRJUKOW und P.D. BALJASOW — Die Baumwollspinnerei, Band I,
Fachbuchverlag, Leipzig 1953

[5] KAUFMANN, D. — Untersuchungen aus der Wanderdeckelkarde
(Dr.-Ing.-Diss., Technische Hochschule Stuttgart, v.1.3.57)

[6] LANGENSTEIN, H. — Neukonstruktionen der Wanderdeckelkarde
Textilpraxis 1956, S.217/221

[7] KOPELEWITSCH, E.A. und I. SCHULESCHKO — Eine kleintambourige Karde
Textilpraxis 1958, S.333/337

[8] TOENNIESSEN, E. — T-Band- und Luntenprüfer
Textilpraxis 1951, S.169/171

[9] STEIN, H. — Untersuchung der Verzugsvorgänge in den Streckwerken verschiedener Spinnereimaschinen
1. Bericht: Vergleichende Prüfung mit verschiedenen Dickenmeßgeräten
Forschungsbericht des Wirtschafts- und Verkehrsministeriums Nordrhein-Westfalen Nr.17
Westdeutscher Verlag Köln und Opladen

[10] FISCHER, B. — Betriebskontrolle in der Karderie
Textilpraxis 1954

[11] SCHMOLLER, F. — Periodische Ungleichmäßigkeiten im Vorwerk der Baumwollspinnerei und Wege zu deren Verringerung
Textilpraxis 1954, S.224/27

[12] RIVENAES, Br. — Periodische Ungleichmäßigkeiten im Vorwerk der Baumwollspinnerei und Wege zu deren Verringerung
Textilpraxis 1954, S.811/12

[13] ZELLWEGER-USTER — Handbuch für den Spektrograph Uster
III.Teil (Spinning Defect Lexicon) S.19

FORSCHUNGSBERICHTE
DES LANDES NORDRHEIN-WESTFALEN

Herausgegeben durch das Kultusministerium

TEXTILFASERFORSCHUNG · TEXTILCHEMIE · TEXTILPHYSIK
TEXTILTECHNIK · WÄSCHEREIFORSCHUNG

HEFT 3
Techn.-Wissenschaftl. Büro für die Bastfaserindustrie, Bielefeld
Untersuchungsarbeiten zur Verbesserung des Leinenwebstuhls
1952, 44 Seiten, 7 Abb., 3 Tabellen, DM 12,50

HEFT 9
Techn.-Wissenschaftl. Büro für die Bastfaserindustrie, Bielefeld
Untersuchungen über die zweckmäßige Wicklungsart von Leinengarnkreuzspulen unter Berücksichtigung der Anwendung hoher Geschwindigkeiten des Garnes
Vorversuche für Zetteln und Schären von Leinengarnen auf Hochleistungsmaschinen
1952, 48 Seiten, 7 Abb., 7 Tabellen, DM 9,25

HEFT 13
Techn.-Wissenschaftl. Büro für die Bastfaserindustrie, Bielefeld
Das Naßspinnen von Bastfasergarnen mit chemischen Zusätzen zum Spinnbad
1953, 52 Seiten, 4 Abb., 19 Tabellen, DM 10,—

HEFT 15
Wäschereiforschung Krefeld
Trocknen von Wäschestoffen. I. Lufttrocknung: Untersuchungen an Tumblern
1953, 40 Seiten, 14 Abb., 2 Tabellen, DM 9,—

HEFT 17
Ingenieurbüro Herbert Stein, M.-Gladbach
Untersuchung der Verzugsvorgänge in den Streckwerken verschiedener Spinnereimaschinen. 1. Bericht: Vergleichende Prüfung mit verschiedenen Dickenmeßgeräten
1952, 36 Seiten, 15 Abb., DM 8,—

HEFT 18
Wäschereiforschung Krefeld
Grundlagen zur Erfassung der chemischen Schädigung beim Waschen
1953, 68 Seiten, 15 Abb., 15 Tabellen, DM 12,75

HEFT 19
Techn.-Wissenschaftl. Büro für die Bastfaserindustrie, Bielefeld
Die Auswirkung des Schlichtens von Leinengarnketten auf das Verarbeitungswirkungsgrad sowie die Festigkeit und Dehnungsverhältnisse der Garne und Gewebe
1953, 48 Seiten, 1 Abb., 9 Tabellen, DM 9,—

HEFT 20
Techn.-Wissenschaftl. Büro für die Bastfaserindustrie, Bielefeld
Trocknung von Leinengarnen I
Vorgang und Einwirkung auf die Garnqualität
1953, 62 Seiten, 18 Abb., 5 Tabellen, DM 12,—

HEFT 21
Techn.-Wissenschaftl. Büro für die Bastfaserindustrie, Bielefeld
Trocknung von Leinengarnen II
Spulenanordnung und Luftführung beim Trocknen von Kreuzspulen
1953, 66 Seiten, 22 Abb., 9 Tabellen, DM 13,—

HEFT 22
Techn.-Wissenschaftl. Büro für die Bastfaserindustrie, Bielefeld
Die Reparaturanfälligkeit von Webstühlen
1953, 28 Seiten, 7 Abb., 5 Tabellen, DM 5,80

HEFT 26
Techn.-Wissenschaftl. Büro für die Bastfaserindustrie, Bielefeld
Vergleichende Untersuchungen zweier neuzeitlicher Ungleichmäßigkeitsprüfer für Bänder und Garne hinsichtlich ihrer Eignung für die Bastfaserspinnerei
1953, 64 Seiten, 30 Abb., DM 12,50

HEFT 29
Techn.-Wissenschaftl. Büro für die Bastfaserindustrie, Bielefeld
Die Ausnützung der Leinengarne in Geweben
1953, 100 Seiten, 14 Abb., 10 Tabellen, DM 17,80

HEFT 32
Techn.-Wissenschaftl. Büro für die Bastfaserindustrie, Bielefeld
Der Einfluß der Natriumchloridbleiche auf Qualität und Verwebbarkeit von Leinengarnen und die Eigenschaften der Leinengewebe unter besonderer Berücksichtigung des Einsatzes von Schützen- und Spulenwechselautomaten in der Leinenweberei
1953, 64 Seiten, 2 Abb., 12 Tabellen, DM 11,50

HEFT 34
Textilforschungsanstalt Krefeld
Quellungs- und Entquellungsvorgänge bei Faserstoffen
1953, 52 Seiten, 13 Abb., 13 Tabellen, DM 9,80

HEFT 35
Prof. Dr. W. Kast, Krefeld
Feinstrukturuntersuchungen an künstlichen Zellulosefasern verschiedener Herstellungsverfahren. Teil I: Der Orientierungszustand
1953, 74 Seiten, 30 Abb., 7 Tabellen, DM 13,80

HEFT 41
Techn.-Wissenschaftl. Büro für die Bastfaserindustrie, Bielefeld
Untersuchungsarbeiten zur Verbesserung des Leinenwebstuhles II
1953, 40 Seiten, 4 Abb., 5 Tabellen, DM 7,80

HEFT 63
Textilforschungsanstalt Krefeld
Neue Methoden zur Untersuchung der Wirkungsweise von Textilhilfsmitteln
Untersuchungen über Schlichtungs- und Entschlichtungsvorgänge
1954, 34 Seiten, 1 Abb., 5 Tabellen, DM 6,80

HEFT 64
Textilforschungsanstalt Krefeld
Die Kettenlängenverteilung von hochpolymeren Faserstoffen
Über die fraktionierte Fällung von Polyamiden
1954, 44 Seiten, 13 Abb., DM 8,60

HEFT 69
Wäschereiforschung Krefeld
Bestimmung des Faserabbaues bei Leinen unter besonderer Berücksichtigung der Leinengarnbleiche
1954, 48 Seiten, 15 Abb., 3 Tabellen, DM 9,60

HEFT 70
Wäschereiforschung Krefeld
Trocknen von Wäschestoffen. II. Kontakttrocknung: Untersuchungen über den Trockenvorgang und die Wäschebeanspruchung bei der Kontakttrocknung
1954, 42 Seiten, 18 Abb., 3 Tabellen, DM 10,—

HEFT 79
Techn.-Wissenschaftl. Büro für die Bastfaserindustrie, Bielefeld
Trocknung von Leinengarnen III
Spinnspulen- und Spinnkopstrocknung
Vorgang und Einwirkung auf die Garnqualität
1954, 74 Seiten, 18 Abb., 10 Tabellen, DM 14,—

HEFT 80
Techn.-Wissenschaftl. Büro für die Bastfaserindustrie, Bielefeld
Die Verarbeitung von Leinengarn auf Webstühlen mit und ohne Oberbau
1954, 30 Seiten, 2 Abb., 2 Tabellen, DM 6,—

HEFT 84
Dr. H. Baron, Düsseldorf
Über Standardisierung von Wundtextilien
1954, 32 Seiten, DM 6,40

HEFT 85
Textilforschungsanstalt Krefeld
Physikalische Untersuchungen an Fasern, Fäden, Garnen und Geweben:
Untersuchungen am Knickscheuergerät nach Weltzien
1954, 40 Seiten, 11 Abb., 8 Tabellen, DM 10,—

HEFT 92
Techn.-Wissenschaftl. Büro für die Bastfaserindustrie, Bielefeld und Institut für textile Meßtechnik, M.-Gladbach
Messungen von Vorgängen am Webstuhl
1954, 76 Seiten, 45 Abb., DM 15,50

HEFT 93
Prof. Dr. W. Kast, Krefeld
Spinnversuche zur Strukturerfassung künstlicher Zellulosefasern
1954, 82 Seiten, 39 Abb., 6 Tabellen, DM 16,—

HEFT 97
Ing. H. Stein, M.-Gladbach
Untersuchung der Verzugsvorgänge an den Streckwerken verschiedener Spinnereimaschinen
2. Bericht: Ermittlung der Haft-Gleiteigenschaften von Faserbändern und Vorgarnen
1955, 98 Seiten, 54 Abb., DM 21,—

HEFT 119
Dr.-Ing. O. Viertel, Krefeld
Wäscherei- und energietechnische Untersuchung einer Gemeinschafts-Waschanlage
1955, 50 Seiten, 18 Abb., DM 10,20

HEFT 159
Dr.-Ing. O. Viertel und O. Oldenroth, Krefeld
Das Bleichen von Weißwäsche mit Wasserstoffsuperoxyd bzw. Natriumhypochlorit beim maschinellen Waschen
1955, 54 Seiten, 23 Abb., 2 Tabellen, DM 11,45

HEFT 161
Prof. Dr. W. Weltzien und Dr. G. Hanschild, Krefeld
Über Silikone und ihre Anwendung in der Textilveredlung
1955, 162 Seiten, 22 Abb., 10 Tabellen, DM 27,—

HEFT 163
Dipl.-Ing. W. Rohs und Text.-Ing. H. Griese, Bielefeld
Untersuchungsarbeiten zur Verbesserung des Leinenwebstuhls III
1955, 80 Seiten, 15 Abb., 18 Tabellen, DM 15,80

HEFT 171
Wäschereiforschung Krefeld
Untersuchung der Wäscheentwässerung mit Hilfe von Zentrifugen und Pressen
1955, 42 Seiten, 16 Abb., 4 Tabellen, DM 9,70

HEFT 172
Dipl.-Ing. W. Rohs, Dr.-Ing. G. Satlow und Text.-Ing. G. Heller, Bielefeld
Trocknung von Hanfgarnen. Kreuzspultrocknung
1955, 60 Seiten, 7 Abb., 4 Tabellen, DM 10,30

HEFT 173
Prof. Dr. R. Hosemann und Dipl.-Phys. G. Schoknecht, Berlin, vorgelegt von Prof. Dr. W. Kast, Krefeld
Lichtoptische Herstellung und Diskussion der Faltungsquadrate parakristalliner Gitter
1956, 108 Seiten, 63 Abb., 6 Tabellen, DM 24,70

HEFT 185
Dipl.-Ing. W. Rohs und Text.-Ing. G. Heller, Bielefeld
Studien an einem neuzeitlichen Kreuzspultrockner für Bastfasergarne mit Wiederbefeuchtungszone
1955, 52 Seiten, 9 Abb., 3 Tabellen, DM 10,70

HEFT 196
Dipl.-Ing. W. Rohs und Text.-Ing. H. Griese, Bielefeld
Auswirkungen von Garnfehlern bei der Verarbeitung von Leinengarnen
1955, 24 Seiten, 3 Abb., 6 Tabellen, DM 7,80

HEFT 199
Textilforschungsanstalt Krefeld
Die Messung von Gewebetemperaturen mittels Temperaturstrahlung
1955, 50 Seiten, 12 Abb., DM 10,90

HEFT 226
Technisch-wissenschaftliches Büro für die Bastfaserindustrie, Bielefeld
Untersuchungen zur Verbesserung des Leinenwebstuhles IV
Die Wirkung verschiedener Kettbaumbremsen auf die Verwebung von Leinengarnen
1956, 64 Seiten, 9 Abb., 4 Tabellen, DM 13,50

HEFT 236
Dr.-Ing. O. Viertel und S. Lucas, Krefeld
Ergebnisse einer Hausfrauenbefragung über Wascheinrichtungen und Waschmethoden in städtischen Haushaltungen
1956, 34 Seiten, 4 Abb., DM 7,60

HEFT 238
Institut für textile Meßtechnik e. V., M.-Gladbach
Untersuchungen der Verzugsvorgänge an den Streckwerken verschiedener Spinnereimaschinen. 3. Bericht: Theoretische Betrachtungen über den Einfluß schlagender Zylinder und Druckrollen
1956, 66 Seiten, 21 Abb., DM 14,10

HEFT 260
Prof. Dr. W. Kast, Freiburg (Br.), Prof. Dr. A. H. Stuart und Dipl.-Phys. H. G. Fendler, Hannover
Lichtzerstreuungsmessungen an Lösungen hochpolymerer Stoffe
1956, 70 Seiten, 25 Abb., 5 Tabellen, DM 15,60

HEFT 261
Prof. Dr. W. Kast, Freiburg (Br.)
Feinstruktur-Untersuchungen an künstlichen Zellulosefasern verschiedener Herstellungsverfahren.
Teil II: Der Kristallisationszustand
1956, 80 Seiten, 27 Abb., 11 Tabellen, DM 17,20

HEFT 273
Fa. K. H. W. Tacke G.m.b.H., Wuppertal-Barmen
Erfahrungen beim Verspinnen von Perlonfasern und bei der Herstellung von Trikotagen aus gesponnenem Perlon
1956, 36 Seiten, DM 7,90

HEFT 292
Dipl.-Ing. W. Rohs und Text.-Ing. H. Griese, Bielefeld
Webversuche an Leinenwebstühlen mit verbesserter Schaftbewegung
1956, 34 Seiten, 3 Abb., 2 Tabellen, DM 7,60

HEFT 301
Prof. Dr. W. Weltzien, Dr. G. Cossmann und P. Diehl, Krefeld
Über die fraktionierte Fällung von Polyamiden (II)
1956, 54 Seiten, 1 Abb., 16 Tabellen, DM 11,30

HEFT 302
Prof. Dr.-Ing. W. Wegener und Dipl.-Ing. W. Zahn, Aachen
Untersuchungen von gesponnenen Garnen auf ihre Gleichmäßigkeit nach verschiedenen Meßmethoden
1957, 58 Seiten, 34 Abb., DM 15,20

HEFT 307
Privat-Doz. Dr. J. Juilfs, Krefeld
Vergleichende Untersuchungen zur elastischen und bleibenden Dehnung von Fasern
1956, 36 Seiten, 11 Abb., DM 8,30

HEFT 308
Privat.-Doz. Dr. J. Juilfs, Krefeld
Zur Messung der Fadenglätte
1956, 22 Seiten, 10 Abb., 2 Tabellen, DM 8,—

HEFT 338
Prof. Dr.-Ing. W. Wegener Aachen, und Dipl.-Ing. J. Schneider, M.-Gladbach
Die Bedeutung der Knotenart für die Herabminderung der Fadenbrüche
1957, 40 Seiten, 6 Abb., 17 Tabellen, DM 9,80

HEFT 339
Prof. Dr.-Ing. W. Wegener und Dipl.-Ing. W. Zahn, Aachen
Vergleich des normalen mit verschiedenen abgekürzten Baumwollspinnverfahren in bezug auf Gleichmäßigkeit und Sortierungsstreuung der Garne
1956, 56 Seiten, 17 Abb., 17 Tabellen, DM 12,70

HEFT 340
Dipl.-Ing. W. Rohs und Dipl.-Ing. R. Otto, Bielefeld
Das Naßspinnen von Bastfasergarnen mit Spinnbadzusätzen unter Ausnutzung einer zentralen Spinnwasserversorgungsanlage
1956, 56 Seiten, 2 Abb., 6 Tabellen, DM 11,60

HEFT 358
Prof. Dr. rer. nat. W. Weltzien, Dipl.-Chem. P. Ringel und Text.-Ing. H. Kirchhoff, Krefeld
Die Waschechtheit von Färbungen. Vergleichende Untersuchungen auf dem Gebiete der Echtheitsprüfung
1958, 26 Seiten, 12 Farbtafeln, DM 58,—

HEFT 378
Oberingenieur H. Stein, M.-Gladbach
Beobachtung und maßtechnische Erfassung der Vorgänge im Spinn- und Aufwindefeld von Ringspinn- und Ringzwirnmaschinen
1957, 104 Seiten, 88 Abb., 3 Tabellen, DM 26,90

HEFT 379
Institut für textile Meßtechnik, M.-Gladbach
Schußfadenspannung beim Weben
1957, 76 Seiten, 17 Abb., 47 Diagramme, 3 Tabellen, DM 18,60

HEFT 381
Priv.-Doz. Dr. habil. J. Juilfs, Krefeld
Zur Dichtebestimmung von Fasern. Methoden und Beispiele der praktischen Anwendung
1957, 76 Seiten, 34 Abb., 18 Tabellen, DM 17,—

HEFT 393
Dr.-Ing. O. Viertel und S. Brückner-Lucas, Krefeld
Arbeitszeitstudien an Haushaltwaschmaschinen
1957, 74 Seiten, 8 Abb., 13 Tabellen, DM 17,30

HEFT 397
Dipl.-Ing. W. Rohs und Dipl.-Ing. R. Otto, Bielefeld
Ungleichmäßigkeiten in Bändern von Bastfaserkarden, ihre Ursachen und Auswirkungen
1957, 60 Seiten, 18 Abb., 42 Diagramme, DM 14,80

HEFT 433
Dr.-Ing. G. Satlow, Aachen
Über einige physikalische und chemische Eigenschaften der Wolle von der gewaschenen Wolle bis zum Kammzug
1957, 72 Seiten, 15 Abb., 19 Tabellen, DM 15,25

HEFT 434
Dipl.-Ing. W. Rohs und Dr. I. Geurten, Bielefeld
Schlichten für Baumwollgarne
1957, 96 Seiten, 3 Abb., zahlreiche Tabellen, DM 23,70

HEFT 435
Dipl.-Ing. W. Rohs und Dipl.-Ing. L. Steinmetz, Bielefeld
Die Masseungleichmäßigkeit von Flachstreckenbändern in Abhängigkeit von Verzug und Dopplung
1957, 42 Seiten, 4 Abb., 2 Tabellen, DM 9,90

HEFT 436
Priv.-Doz. Dr. habil. J. Juilfs, Krefeld
Zur Bestimmung der Reißlast (Zugfestigkeit) von Fasern, Fäden und Garnen
1959, 26 Seiten, 7 Abb., 5 Tabellen, DM 8,60

HEFT 442
Dipl.-Ing. W. Rohs, Text.-Ing. H. Griese und Text.-Ing. W. Lauer, Bielefeld
Die Auswirkung der Trocknungsart naßgesponnener Leinengarne auf deren Verarbeitungswirkungsgrad sowie auf die Festigkeits- und Dehnungseigenschaften der Garne und Gewebe
1957, 28 Seiten, 2 Abb., 3 Tabellen, DM 6,50

HEFT 452
Prof. Dr. rer. nat. W. Weltzien und Dr. phil. K. Windeck, Krefeld
Veränderungen an Fasern bei der Bleiche mit Natriumchlorid und über einige Vergilbungserscheinungen
1957, 64 Seiten, 3 Abb., 13 Tabellen, DM 14,85

HEFT 479
Prof. Dr.-Ing. W. Wegener, Aachen und Dipl.-Ing. H. Fourné, Bochum
Ursachen des Überschreitens der Toleranzgrenze nach oben oder unten (Meter pro Gramm) an der Strecke
1958, 60 Seiten, 17 Abb., 3 Tabellen, DM 14,60

HEFT 494
Dipl.-Ing. W. Rohs und Text.-Ing. H. Griese, Bielefeld
Entwicklung und Erprobung eines verbesserten elektrischen Kettfadenwächtergeschirrs für die Leinen- und Halbleinenweberei
1957, 56 Seiten, 9 Abb., 11 Tabellen, DM 13,—

HEFT 496
Dipl.-Chem. P. Vogel, Krefeld
Färberische Eigenschaften von zur Herstellung von Verdickungen in der Stoffdruckerei bestimmten Stoffen
1957, 38 Seiten, 3 Abb., 3 Tabellen, DM 9,30

HEFT 498
Prof. Dr.-Ing. H. Zahn und Dr. rer. nat. W. Gerstner, Aachen
Herstellung säurefester technischer Gewebe
1957, 40 Seiten, 8 Tabellen, DM 9,65

HEFT 499
Priv.-Doz. Dr. J. Juilfs, Krefeld
Die Bestimmung des Wasserrückhaltevermögens (bzw. des Quellwertes) von Fasern
1958, 42 Seiten, 8 Abb., 8 Tabellen, DM 10,35

HEFT 500
Priv.-Doz. Dr. habil. J. Juilfs, Krefeld
Vergleichende Untersuchungen am Schopper-Scheuerprüfgerät
1958, 60 Seiten, 34 Abb., verschied. Tabellen, DM 18,10

HEFT 501
Dipl.-Ing. W. Rohs und Dr. I. Geurten, Bielefeld
Untersuchungen in der Leinengarnbleiche
1958, 50 Seiten, 5 Abb., 5 Tabellen, DM 11,50

HEFT 587
Dipl.-Ing. H. Schmidt, Krefeld
Auswirkung der Strömungsverhältnisse in Trommelwaschmaschinen unter besonderer Berücksichtigung des Durchlaufspülens
1958, 20 Seiten, 8 Abb., DM 8,45

HEFT 609
Dipl.-Ing. W. Rohs und Dipl.-Ing. L. Steinmetz, Technisch-Wissenschaftliches Büro für die Bastfaserindustrie, Bielefeld
Verteilung der Bastfasern im Verzugsfeld einer Nadelstabstrecke
1958, 42 Seiten, 10 Abb., 2 Tabellen, DM 13,45

HEFT 614
Prof. Dr. W. Weltzien, Priv.-Dozent Dr. rer. nat. habil. J. Juilfs und Dr. rer. nat. W. Bubser, Krefeld
Die Textilforschungsanstalt Krefeld 1920—1958
Ein Bericht zur Einweihung ihres Neubaus Frankenring 2
1958, 78 Seiten, 11 Abb., 5 Baupläne, DM 23,80

HEFT 621
Techn.-Wissensch. Büro für die Bastfaserindustrie, Bielefeld
Untersuchungen zur Verbesserung des Leinenwebstuhles V
1958, 42 Seiten, 6 Abb., 8 Tabellen, DM 11,30

HEFT 632
Prof. Dr.-Ing. W. Wegener, Aachen
Aufstellung und Vergleich von Variance-within- und Variance-between-Kurven von Garnen, die nach verschiedenen Spinnverfahren hergestellt werden
1958, 72 Seiten, 35 Abb., DM 19,10

HEFT 633
Prof. Dr.-Ing. W. Wegener und Dipl.-Ing. E. Haase-Deyerling, Aachen
Entwicklung und Bau eines vollautomatischen Faserlängenprüfgerätes (Stapelprüfgerät) auf kapazitiver Grundlage, Erprobungen dieses Gerätes und Vergleich mit den bislang üblichen Verfahren auf manueller Basis
1958, 32 Seiten, 15 Abb., 5 Tabellen, DM 10,10

HEFT 654
Obering. H. Stein und Text.-Ing. H. v. d. Weyden Institut für textile Meßtechnik, M.-Gladbach Dipl.-Ing. Waldemar Rohs und Text.-Ing. H. Griese Techn.-Wissenschaftl. Büro für die Bastfaserindustrie Bielefeld
Untersuchungen an Spulvorrichtungen in der Leinen- und Halbleinenweberei
1958, 98 Seiten, 29 Abb., DM 23,80

HEFT 674
Dipl.-Ing. W. Rohs, Bielefeld
Die Ausnutzung der Garnfestigkeit in Halbleinengeweben
1958, 60 Seiten, 6 Abb., DM 14,30

HEFT 699
Dr.-Ing. Erich Wagner, Wuppertal
Studium der Drehungsverhältnisse an Perlon und Nylongarnen zur Herstellung von Strumpfgewirken
1959, 30 Seiten, 11 Abb., DM 9,20

HEFT 700
Oberingenieur H. Stein, M.-Gladbach
Zugprüfungen an Textilien mit einer weglosen, elektronischen Kraftmeßeinrichtung
1958, 103 Seiten, 62 Abb., 3 Tabellen, DM 32,—

HEFT 722
Dr.-Ing. O. Viertel, und Eva Malz, Krefeld
Mechanische Wäschebeanspruchung und Waschwirkung in Rührwerkmaschinen
1959, 59 Seiten, 25 Abb., 23 Tabellen, DM 16,50

HEFT 730
Obering. H. Stein und Dipl.-Phys. S. Hobe, M.-Gladbach
Gerät zum Auffinden von Fadenverdickungen bei hohen Prüfgeschwindigkeiten
1959, 56 Seiten, 28 Abb., 2 Tabellen, DM 14,80

HEFT 731
Dr.-Ing. G. Satlow, Aachen
Hautwolle und Schurwolle. Eine Gegenüberstellung ihrer wichtigsten chemischen und physikalischen Eigenschaften
1959, 96 Seiten, 4 Abb., 31 Tabellen, DM 23,60

HEFT 732
Dipl.-Ing. W. Rohs und Dipl.-Ing. R. Otto, Bielefeld
Messung von Verzugskräften in Nadelfeldern von Bastfaserstrecken
1959, 40 Seiten, 9 Abb., 4 Tabellen, DM 11,60

HEFT 749
Dipl.-Ing. W. Rohs und Text.-Ing. H. Griese, Bielefeld
Einfluß verschiedener Webfaktoren auf die Krumpfung von Halbleinen- und Baumwollgeweben
1959, 28 Seiten, 2 Abb., 10 Tabellen, DM 8,60

HEFT 761
Dr. I. Lambrinou-Geurten, Bielefeld
Untersuchungen zur rationellen Durchfärbbarkeit von Bastfasergarnen
1959, 54 Seiten, 1 Abb., 16 Tabellen, DM 14,10

HEFT 790
Prof. Dr. W. Kast, Freiburg/Br.
Fließvorgänge in der Spinndüse und dem Blaukonus des Cuoxam-Verfahrens

HEFT 816
Dr. rer. nat. H. Pfannmüller, Textilchemikerin M. Pfannmüller und Prof. Dr.-Ing. H. Zahn, Aachen
Die Bewetterung chemisch modifizierter Wollgarne

HEFT 817
Dr. rer. nat. H. Kessler, Aachen
Die Zwei- und Dreifaseranalyse auf Grund der Bestimmung von Cystin und Stickstoff

HEFT 818
Prof. Dr.-Ing. W. Wegener, Aachen
Grundlegende Untersuchungen zur Frage der Spinnavivierung von Rohbaumwolle

HEFT 826
Wäschereiforschung Krefeld e. V.
Arbeitszeitstudien an Haushaltsbottichwaschmaschinen gleicher Art und Größe mit verschiedener Ausstattung

HEFT 839
Prof. Dr. J. Juilfs, Krefeld
Zur Bestimmung der Absolutdichte von Fasern

Volks- und betriebswirtschaftliche Untersuchungen
auf dem Textilgebiet

HEFT 186
Dr. E. Wedekind, Krefeld
Untersuchungen zur Arbeitsbestgestaltung bei der Fertigstellung von Oberhemden in gewerblichen Wäschereien
1955, 124 Seiten, 28 Abb., 6 Tabellen, 2 Falttafeln, DM 12,—

HEFT 197
Dr. E. Wedekind, Krefeld
Untersuchungen zur Bestimmung der optimalen Arbeitsplatzgröße bei Mehrstuhlarbeit in der Weberei
1955, 92 Seiten, 34 Abb., DM 18,50

HEFT 222
Dr. L. Köllner, Münster und Dipl.-Volkswirt M. Kaiser, Bochum
Die internationale Wettbewerbsfähigkeit der westdeutschen Wollindustrie
1956, 214 Seiten, 5 Abb., DM 39,50

HEFT 323
Prof. Dr. R. Seyffert, Köln
Wege und Kosten der Distribution der Textilien, Schuh- und Lederwaren
1956, 98 Seiten, 37 Tabellen, 1 Falttafel, DM 12,—

HEFT 607
Dr. H. Schlachter, Münster
Die Wettbewerbslage der westdeutschen Juteindustrie
1958, 137 Seiten, 35 Tab., DM 32,—

HEFT 631
Dr. E. Wedekind, Krefeld
Der Einfluß der Automatisierung auf die Struktur der Maschinen und Arbeiterzeiten am mehrstelligen Arbeitsplatz in der Textilindustrie
1958, 86 Seiten, 34 Abb., DM 21,10

HEFT 715
Dr. E. Wedekind, Krefeld
Die Auftragsplanung und Arbeitsorganisation in gewerblichen Wäschereien
1959, 116 Seiten, 25 Abb., DM 29,50

HEFT 819
Dipl.-Volkswirt Dr. H. H. Kaup, Münster
Einkommen und Textilverbrauch

HEFT 827
Dr.-Ing. E. Sattler, Verband Deutscher Streichgarnspinner, Düsseldorf
Disposition mit Arbeitsvorbereitung und Vertriebsvorbereitung in der einstufigen (Verkaufs-) Streichgarnspinnerei

HEFT 828
C. Brzeskiewicz, Verband der Deutschen Tuch- und Kleiderstoffindustrie e. V., Köln, im Verein mit dem Ausschuß für wirtschaftliche Fertigung e. V., Düsseldorf
Disposition mit Arbeitsvorbereitung und Vertriebsvorbereitung in der Tuch- und Kleiderstoffindustrie
in Vorbereitung

Ein Gesamtverzeichnis der Forschungsberichte, die folgende Gebiete umfassen, kann bei Bedarf vom Verlag angefordert werden:
Acetylen / Schweißtechnik — Arbeitspsychologie und -wissenschaft — Bau / Steine / Erden — Bergbau — Biologie — Chemie — Eisenverarbeitende Industrie — Elektrotechnik / Optik — Fahrzeugbau / Gasmotoren — Farbe / Papier / Photographie — Fertigung — Gaswirtschaft — Hüttenwesen / Werkstoffkunde — Luftfahrt / Flugwissenschaften — Maschinenbau — Medizin / Pharmakologie / Physiologie — NE-Metalle — Physik — Schall / Ultraschall — Schiffahrt — Textiltechnik / Faserforschung / Wäschereiforschung — Turbinen — Verkehr — Wirtschaftswissenschaften.

If you have any concerns about our products,
you can contact us on
ProductSafety@springernature.com

In case Publisher is established outside the EU,
the EU authorized representative is:
Springer Nature Customer Service Center GmbH
Europaplatz 3, 69115 Heidelberg, Germany

Printed by Libri Plureos GmbH
in Hamburg, Germany